—— 学习高手"攸"方法 ——

U0727675

击退负面小情绪

攸佳宁工作室　著

SPM 南方传媒

全国优秀出版社
全国百佳图书出版单位　广东教育出版社

·广州·

图书在版编目（CIP）数据

击退负面小情绪 / 攸佳宁工作室著 . -- 广州：广
东教育出版社，2024. 8. --（学习高手"攸"方法）.
ISBN 978-7-5548-6078-6

Ⅰ . B842.6-49

中国国家版本馆 CIP 数据核字第 20245UY744 号

击退负面小情绪

JITUI FUMIAN XIAOQINGXU

出 版 人：朱文清

策划编辑：卞晓琰

责任编辑：冯玉婷　刘　玥

责任技编：杨启承

责任校对：林晓珊

封面设计：林彦孜

出版发行：广东教育出版社

　　　　　（广州市环市东路472号12-15楼　邮政编码：510075）

销售热线：020-87614531

网　　址：http://www.gjs.cn

邮　　箱：gjs-quality@nfcb.com.cn

经　　销：广东新华发行集团股份有限公司

印　　刷：广州市岭美文化科技有限公司

　　　　　（广州市荔湾区花地大道南海南工商贸易区A幢）

规　　格：787 mm × 1092 mm　1/16

印　　张：9.25

字　　数：185千

版　　次：2024年8月第1版

　　　　　2024年8月第1次印刷

定　　价：36.80元

目录

1．认识情绪，不做情绪的傀儡

幸福来得太突然……

攸攸教授有方法

你是否也有类似的经历——考试考砸了看到什么都觉得心烦，被老师夸奖了走路都感觉很轻快。就像我们看到美丽的花朵会感到开心，看到可怕的毒蛇会感到害怕一样，同学们的这些体验其实都是情绪带来的魔法哦。情绪就像我们内心的镜子，反映出我们对外界事物的感受和认知。

爱迪生与铁镍蓄电池

著名的发明家爱迪生也曾遇到过情绪的困扰。有一天，爱迪生为了发明一种新的电池，正在实验室里做实验。他试了很多次，但是每次都失败了。他因此感到很沮丧，甚至有些生气，因为他觉得自己的时间都被浪费了。

就在他打算放弃时，他的朋友看出他的不对劲，就问他怎么了。爱迪生跟朋友倾诉了他的烦恼，朋友微笑着对他说："爱迪生，你知道吗？每一次失败都是通往成功的必经之路。你不能因为失败就生气，反而应该把它看作是学习和进步的机会。"

爱迪生听了朋友的话，心里豁然开朗。他明白了，沮丧和生气不能解决问题，只会让自己更加困扰。于是，他决定控制自己的情绪，用积极、乐观的态度去面对实验中的困难和挫折，不再让失败影响到自己的心情。

他重新振作起来，继续做实验。经过无数次尝试和改进，他终于成功地发明出了铁镍蓄电池。他感到非常高兴和自豪，因为他知道，这是他通过情绪控制和不懈的努力才取得的成果。

爱迪生的故事告诉我们，情绪有时候可能会捣乱。但就像爱迪生这样，我们可以听取他人的建议，及时调整自己的心态，坚持不懈地努力。这样，我们才有可能更好地控制自己的情绪，迎接成功的到来！

认识六种基本情绪

我们的情绪有很多不同的类型，心理学家们不断研究总结，归纳出了六种基本情绪：快乐、悲伤、愤怒、恐惧、惊讶和厌恶。接下来，让我们一起认识一下它们都有哪些特点吧！

快乐

快乐小太阳发射出耀眼的阳光，照亮我们的心房，让我们忍不住想分享这份喜悦。快乐能帮助我们保持良好的心态，获得满满的幸福感。

当我们收到生日礼物，会感到快乐，脸上浮现灿烂的笑容。

悲伤

悲伤小雨滴总是悄悄地落下，让我们的心情变得阴郁。虽然有些难过，但这也是我们成长的一部分，帮助我们学会珍惜和坚强。

小宠物去世时，悲伤总是久久萦绕在我们心间，不知不觉就可能使我们泪流满面。

愤怒

愤怒小火苗有时候来得很突然，让我们整个人怒火中烧。不过，只要我们学会控制它，就能让它变成积极的动力，推动我们前进。

如果别人无缘无故地和我们吵架，我们就可能愤怒不已，斥责对方。

恐惧

恐惧小幽灵总是喜欢变成我们害怕的东西吓唬我们。但别害怕，只要我们勇敢面对，就能发现它其实并不可怕，还可能让我们变得更加勇敢和坚强！

夜晚听到打雷的巨大声响，我们可能会恐惧地躲进被窝里，甚至害怕得睡不着觉。

惊讶

惊讶小闪电总是出其不意地击中我们，让我们目瞪口呆。它总是让我们措手不及，但也经常给我们带来满满的惊喜和乐趣！

运动会上发挥出比平时更好的水平时，我们可能会惊讶地发现我们竟有如此强大的能量。

厌恶

厌恶捣蛋鬼会让我们对某些事物产生反感的情绪。虽然这种感觉会让我们感到不太舒服，但它也是保护我们的一种方式，让我们远离那些不好的东西。

吃到不喜欢的菜的那一刻，我们感到厌恶和反胃，甚至可能想立刻把它吐掉。

小思考

　　大家还能想到其他的情绪故事吗？情绪在生活中的作用很大，还有很多例子等着我们去发现，让我们一起来找找吧！

　　我们已经知道了生活中有六种基本情绪，但是，要怎样才能知道我们现在处于哪种情绪中呢？

感受情绪小技巧

身体变化预告器

　　情绪往往会伴随着一些身体反应，比如心跳加速、手心出汗、恶心反胃等。当我们注意到自己的身体出现这些反应时，我们可以想一想，自己是不是正在经历某种情绪。

内心语音广播台

　　有时候我们的内心会出现"天人交战"的场景，别担心，那可能是你的内心在告诉你情绪感受暗含的需求和想法。我们可以尝试倾听这些声音，了解自己的情绪变化。

情绪表达小画家

很多时候，情绪还可能会通过我们的言语或者行动表现出来。比如我们写下的随笔、画出的涂鸦、唱着的歌谣，都可能表达着我们的情绪感受。试着跟随自己的心画一幅画，也许我们能更好地理解自己的情绪。

小思考

这幅画里好像藏着几种不同的情绪，你能找出来吗？

小贴士：这幅画模仿的是挪威画家爱德华·蒙克的作品《呐喊》，画面中的主人公在发出呐喊。你猜到画中藏着哪些情绪了吗？

欣欣教授心里话

　　情绪总是变化万千、难以捉摸的，但不论是什么样的情绪，都是我们的朋友。尝试接受它们，也许会是一个不错的选择呢！

　　但是如果发现情绪正在操控我们的行为，给我们带来了不好的影响，我们也要记得向其他人求助，避免情绪变身为小怪兽哦！

2. 识别情绪信号，抓住情绪小怪兽

能好好说话吗？

不小心打碎了碗。

啪！

我要主动道歉并承认错误。

被爸爸妈妈骂了……

怎么那么不小心……

为什么爸爸妈妈总是不能和我好好说话呢？

攸攸教授有方法

情绪没有好坏之分，它们就像天气预报，帮助我们应对生活和学习中的各种挑战。积极的情绪就像晴天，让我们充满能量和信心，去迎接困难和挑战。而消极的情绪呢，就像阴雨天，提醒我们有些需要还没被满足，需要我们去理解和关心。

当我们感到愤怒时，就像有个人在告诉我们："嘿，你的底线被触碰啦，要小心哦！"而当我们感到恐惧时，就像有个声音在提醒我们："危险来啦，要记得保护自己哦！"而当悲伤悄悄来临时，就像有个人在告诉我们："嘿，我现在需要一些理解和关心呢。"

嘿，你的底线被触碰啦，要小心哦！

危险来啦，要记得保护自己哦！

嘿，我现在需要一些理解和关心呢。

踢猫效应

踢猫效应，听起来好像一个魔法咒语，但其实，它就是情绪小怪兽在我们日常生活中的一个常见表现。

想象一下，主角汤姆在学校拿到了令人失望的成绩单，心里憋着一肚子火，就像一座即将爆发的火山。回到家，却看到家里的小猫在沙发上欢快地蹦跶。汤姆会怎么想、怎么做呢？

汤姆看见欢快的小猫，火气噌地一下就上来了，心想："你这小东西，难道不知道我心情不好吗？"于是，汤姆一脚踢了过去，想把这火发到小猫身上。

可怜的小猫被踢得心惊胆战，吓得连滚带爬地跳下沙发，一不小心就打翻了茶几上的花瓶。这下可好，回到家的爸爸妈妈见状也生气了，觉得是汤姆做了坏事，狠狠地惩罚了汤姆和小猫。

这个故事印证了心理学中的"踢猫效应"。这像不像我们平时的生活场景？汤姆心情不好，就把火发到小猫身上；小猫被吓到，打翻了花瓶；结果，不仅爸爸妈妈生气了，汤姆和小猫也一起受到了惩罚。这就像是一个连锁反应，一环扣一环，最终酿成

了苦果。

所以，我们要时刻提醒自己，不要轻易把情绪发泄到身边的人身上。为了避免这种效应，我们可以学习一些情绪管理的小技巧，把情绪小怪兽驯服得服服帖帖！

捕获情绪信号秘诀：情绪管理练习表

想想看，你是不是有时也会觉得情绪像过山车一样，忽高忽低呢？别担心，现在我们要学习一个超酷的方法——情绪管理练习表，它能让我们迅速捕获情绪信号，轻松成为"读心术"的沟通高手！

开启自我探险之旅，发现你的内心宝藏

接下来，我们要一起当一回"情绪小侦探"，做个超级有趣的情绪觉察练习！这个过程就像探险一样，简单又好玩，大家准备好了吗？

首先，请闭上眼睛，深深地吸两口气，让我们的心灵变得像气球一样轻盈。

现在，我们一起来回忆一件让你生气的小事。想象自己是个侦探，正在调查这起"气愤案件"。

情绪小侦探笔记：案件发生在哪？

有哪些"嫌疑人"（也就是在场的人）？

当时发生了什么事？

除了生气，你还有哪些感受？

生气时，你的身体有什么反应？

是不是像个小火山要爆发？

生气后，你做了什么？结果如何？

你为什么会生气？

最后，思考一下，你想要的其实是什么呢？

好啦，现在请小侦探们慢慢地睁开眼睛，把你刚才的调查结果，按照"事件—情绪—情绪结果—你的需求"的格式写下来吧！这样，我们就能更好地了解和管理自己的情绪啦！

情绪管理练习

觉察对象	
事件	
情绪	
情绪结果	
你的需求	

坚持半个月，你就会发现自己的情绪觉察能力有了显著的提升！你会更加敏锐地感知到自己和他人的情绪，成为真正的"情绪小侦探"！

情绪侦探进阶训练，求证情绪的新冒险

情绪觉察可不仅仅是对自身的探索哦，我们还可以用这个神奇的"情绪觉察练习表"来锻炼自己觉察其他人情绪的能力呢！想象一下，当你能够准确捕捉到家人、朋友或同学的情绪，并和他们进行求证时，是不是就像一位资深的侦探宣告真相一样有趣呢？

但是，要记住哦，与运用在自己身上不同的是，我们需要学会向对方求证他们的情绪，保持客观的态度。这就像是在游戏中，我们要尊重对方的意见和感受，才能更好地合作和沟通。

情绪觉察练习

觉察对象	
事件	
情绪	
猜测情绪结果并求证对方的情绪	
你的需求及对方的需求	

攸攸教授心里话

　　情绪其实有点像会"捣蛋"的小怪兽，在它们开始"捣蛋"之前，都会悄悄留下信号。只要我们足够细心，就能提前发现它们，然后让它们变回我们乖巧的情绪小伙伴！

　　这些情绪小怪兽可能就藏在我们自己、朋友、家人，甚至是老师和同学身上哦！所以，当我们和身边的人相处时，要特别留意情绪小怪兽"捣蛋"的信号，这样我们就能及时安抚它们啦！

3. 情景代入法，向父母合理表达情绪

不是我想要的……

我今天想吃薯条配可乐。

怎么是鸡块和汉堡?

爸爸妈妈买的也很好吃!

好好吃!

可是我想要的不是这个……

攸攸教授有方法

　　当我们在学校被老师批评后，可能会感觉闷闷不乐，想要爸爸妈妈主动来关心我们。但等爸爸妈妈问起我们在学校的经历时，我们又感觉很不耐烦，不想告诉他们具体发生了什么，只留下一句"没什么，别来烦我！"。

　　这样的场景是不是很熟悉呢？其实，很多同学都遇到过和父母沟通不畅的情况，有时候我们不知道该怎样表达自己的情绪，这也让爸爸妈妈很难真正理解我们的感受和想法。那么，有什么好办法可以让我们和爸爸妈妈更好地沟通呢？别着急，下面我们一起来学习一些有效的沟通小技巧吧。

萨提亚的五种亲子沟通模式

　　美国心理学家萨提亚发现，我们与爸爸妈妈之间有五种常见的交流方式。即使是沟通同一件事情，我们的表达和交流方式不同，也可能会带来不同的结果。

讨好型

讨好型沟通模式就像酸涩的陈皮糖，我们总是在关注爸爸妈妈的情绪和感受，希望得到他们的认可。比如发现爸爸妈妈有点生气了，哪怕自己并没有做错事情也立刻道歉，但是我们内心的委屈却很难释放。

指责型

指责型沟通模式像辛辣的辣椒糖。当我们和爸爸妈妈产生分歧时，可能会很激动地质问他们"你为什么总是不理解我？"，但是在听到自己的问题和不足时，又很难理智地去承认和面对，所以分歧很可能会演变成争吵。

超理智型

超理智型沟通模式就像清凉的薄荷糖，比如和同学闹矛盾的时候，我们可能只是冷静、理智地告诉了爸爸妈妈这件事的原因和结果，他们也许认为我们已经把矛盾处理好了，但却很难发现我们此时正因为这件事而感到难过和伤心。

打岔型

打岔型沟通模式就像口味奇特的怪味糖。当爸爸妈妈在和我们说起一件我们做错的事情时，我们可能会忍不住通过转移话题来逃避责任。因此，我们和爸爸妈妈的沟通可能难以进行下去。

一致型

这种模式的味道刚刚好，就像混合口味的巧克力。当我们在学校遇到了困难，我们可能会和爸爸妈妈说我们现在的感受和担心，主动向他们求助。爸爸妈妈知道了我们的感受，也会关心我们并且为我们提供建议。

当向爸爸妈妈表达情绪时，你一般采用的是哪种沟通模式呢？心理学家发现，最健康的沟通模式是"一致型"沟通模式。在这种模式下，爸爸妈妈能很好地共情我们的感受，也能有效帮助我们解决问题。那么，怎样才能用这种沟通模式表达我们的情绪呢？下面我们一起来学一个小妙招。

表达情绪小妙招：情景代入法

情景代入法就是在合适的时间和地点，用"我"语言描述自己的感受并且详细讲述事情经过，说出自己的需求和期望，让爸爸妈妈能更好地理解我们的经历和想法，最后达到互相理解和尊重的效果。

这个小妙招使用起来会有一点小难度，但相信大家都可以做到！现在一起来试试吧！

选择合适的时间和地点

想想看，如果你在写一道很难的数学题时突然有人打断你，想和你分享他的故事，你会开心地接受并且耐心倾听吗？

是的，这很难做到，爸爸妈妈也是一样。所以我们需要选择他们有空的时间，再去与他们分享我们的想法和感受哦！

用"我"语言表达感受

用"我现在感觉心情……"这类以"我"开头的句子表达自己的感受，能帮助爸爸妈妈更快地了解你的情绪，减少猜测情绪产生的误会。

描述具体的事情经过

　　详细地告诉爸爸妈妈发生了什么事情，其中是什么让你有了刚刚分享的感受。爸爸妈妈可不仅仅能够陪你分享情绪哦！如果遇到的是困难，也许他们会有更好的解决办法；如果遇到的是开心的事情，也许你会收获额外的奖励呢！

表达需求和期望

　　当然，除了期待爸爸妈妈的关心和陪伴，有时候我们可能还会想得到爸爸妈妈的建议和帮助。如果你有自己的需求和期望，请大胆地告诉爸爸妈妈吧！当然，爸爸妈妈提出的建议也不一定都适合你，需要你自己实践。

　　接下来，就请你用这个办法试试看吧。可以借助下面的提示，记录你的情绪表达过程和爸爸妈妈的反应。

○ 合适的时间和地点：

○ 我的情绪感受：

○ 具体的事情经过：

○ 我的需求和期望：

○ 爸爸妈妈的反应：

攸攸教授心里话

　　表达情绪的小技巧有很多，相信你还会发现更多独属于你自己的小妙招哦！但一定要记得，再多的技巧也不如真诚地表达你的感受。如果我们能够更温和、更直接地表达我们的想法和需求，也许爸爸妈妈真的会带给我们想要的惊喜哦！

4. 控制情绪不等于压抑情绪，合理宣泄有妙招

谁说我爱哭？

遇到难题做不出来……

爸爸妈妈说过，不能遇到一点小事就哭。

怎么遇到一点小事就哭呢？

我不能哭，我不能哭……到底要怎么样控制情绪呢？

怒　哀
喜　　乐

攸攸教授有方法

你有没有经历过这样的事情：难过得想要哭出来的时候，爸爸妈妈越是让你不要哭，你的眼泪就越是不由自主地流下来？为什么控制自己的情绪会这么难呢？

这是因为，控制情绪可不是简单地压抑情绪哦！虽然我们可以暂时把情绪藏起来，但它们并不会消失，反而会像小火苗一样，在心里越烧越旺。所以，我们只有合理地宣泄情绪，才能真正打倒情绪小怪兽！

诗仙李白和旷世诗作

说起"诗仙"李白，大家都不会陌生。写诗，是他抒发情绪的秘诀之一。在他流传至今的众多诗歌里，不少篇目都表达了他充沛的情感。

当李白在长安得到赏识却未受重用时，他感到遗憾和愤慨，深感仕途艰难。于是他挥笔写下《将进酒》，用"君不见高堂明镜悲白发，朝如青丝暮成雪"表达对人生短暂、光阴易逝的感

慨。但同时，他也写下了"人生得意须尽欢，莫使金樽空对月"，抒发自己对生活的热爱和追求。从愤懑感慨到豪放豁达，李白仅用一首诗，就调节好了自己的情绪。

写诗对李白来说，就像打开了一扇神奇的窗户。通过这扇窗户，他得以把心里的情绪都释放出来，然后看着它们变成文字，飘向远方。这些诗作，又历经时间的洗涤，流传至今，让千年后的我们，也能够感受到他当时的情绪和想法。

怎么样，合理宣泄情绪是不是听起来很不错？接下来，让我们一起来看看还有哪些宣泄情绪的妙招吧！

宣泄情绪三妙招

宣泄情绪，其实就是找个好方法，让心里的小怪兽跳出来透透气。想想看，如果坏情绪一直藏在你心里，那你不就变成一个快要爆炸的大气球了吗？所以，我们要找个安全又有趣的方式，让情绪释放出来。

妙招1：暴打软枕头

首先，我们需要找个软软的枕头或者可爱的玩偶，它们可是你的"出气筒"哦！想象一下，它们就是那个让你气到跳起来的小坏蛋，现在就在你眼前，等着你来"教训"。

接着，你要用你有力的拳头，对这个"坏枕头"或者"坏玩偶"说："哼，你这个小坏蛋，让我这么生气，看我怎么收拾你！"然后，你就可以用力地、尽情地打这个"出气筒"了！打的时候，你可以想象自己正在把心里的不开心、烦恼和怒火都一股脑儿地发泄出来，让它们随着你的拳头一起飞走！

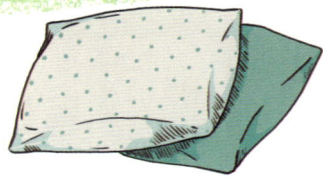

妙招2：手撕白纸条

"手撕白纸条"也不难操作。首先，你得找一张白纸，这张纸就代表着你心里那些烦人的坏情绪。想象一下，它们就像一群讨厌的小怪兽，在你的心里捣乱，让你不开心。现在，它们就藏在这张白纸里，等着你来"收拾"呢！

接着，你要对这张白纸说："哼，你这个坏情绪，藏得再好我也能找到你！看我怎么把你撕成碎片！"然后，你就可以肆意地撕这张纸了！撕的时候，你可以想象自己正在把心里那些烦人的坏情绪都一股脑儿地发泄出来，让坏情绪"粉身碎骨"！

你会发现，伴随着纸张的撕裂声，你的心情也会变得轻松起来。那些原本困扰你的坏情绪，一点点地消失不见了！

我们也可以把这些小碎片收集起来，放在一个小盒子里。每次当你感到不开心的时候，就可以打开这个盒子，看看那些曾经的坏情绪现在变成了什么样子。你会发现，原来它们并没有那么可怕，只是需要我们用正确的方式去处理它们。

小贴士：宣泄完之后也不要忘记让陪伴我们宣泄的"白纸"小伙伴回到该去的地方哦！

妙招3：倾诉心里话

除了刚刚的方法，我们还可以通过倾诉我们的心里话来宣泄情绪。首先，你得找个值得信赖的小伙伴或者你最亲爱的爸爸妈妈，告诉他们："我有个小烦恼想跟你们说。"然后，你就可以开始倾诉心中的不快啦！说的时候，记得要毫无保留地倾诉出来，不要藏着掖着哦！

在倾诉的过程中，你会发现，原来自己并不是一个人在战斗！好朋友会陪你一起想办法，爸爸妈妈会给你最温暖的拥抱和鼓励。他们的安慰和支持，就像一股强大的力量，让你瞬间充满了打倒坏情绪的底气！

　　而且啊，当你把烦恼说出来后，你会发现它们其实并没有那么可怕。有时候，我们之所以觉得烦恼难以承受，只是因为把它们压在了心底，没有释放出来。一旦我们学会倾诉烦恼，它们就会变得不那么让人害怕。

　　所以呀，当你感到烦恼或不开心时，不妨找好朋友或者爸爸妈妈倾诉一下吧！让他们成为你的"情绪加油站"，为你提供源源不断的力量和支持。一定要勇敢地说出来哦，这样才能更快地战胜坏情绪，迎接更美好的明天！

小思考

　　观察图中的情绪气球，你现在的情绪在第几个等级呢？

10
9
8
7
6
5
4
3
2
1
0

侬侬教授心里话

要记得，控制情绪可不是压抑情绪哦！如果坏情绪小怪兽出现了，合理宣泄才能让我们更好地战胜它！

当然，如果这个坏情绪特别强大，情绪宣泄三妙招也没能成功对付它，别忘了向爸爸妈妈或者老师朋友求助哦！他们会给予你新的力量，与你一起战胜情绪小怪兽！

5. 捧起成功日记，战胜自卑情绪

我能相信自己吗?

别人都比我优秀。

未曾想象走向成功的路途是什么样的。

成功

如果他们和我一样自卑,他们还会走向成功吗?

攸攸教授有方法

上课回答问题时，答案呼之欲出却不知道对不对，因此迟迟不敢举手；竞选班干部时，因为担心自己票数低而丢脸，所以根本不敢参与；参加篮球赛时，因为觉得自己打得不好而畏首畏尾，最后却连最擅长的投球也没能成功……有时候，机会明明就在眼前，我们却因为担心自己做不到、做不好，而错过了展示自己的机会。这都是自卑情绪在作祟，自卑小怪兽困住了本可以成功的我们，害得我们没能发挥出自己的真实水平。我们究竟要怎样做，才能打破这个自卑困境呢？

自卑的摇滚巨星大卫·鲍伊

摇滚界的传奇巨星大卫·鲍伊，曾经是个害羞的自卑小男孩。从刚开始不敢在人前唱歌，到后来轻松驾驭万人演唱会，他是怎么克服自卑情绪的呢？我们一起来看看吧！

大卫·鲍伊的童年并不顺利，他从小喜欢音乐，但是却在生活和学习上遭遇了许多挫折和打击。害羞的个性更是让他难以在别人面前展示自己的全部实力，他甚至开始怀疑自己是不是没有音乐才华。

但他始终坚定，音乐是自己要走的道

路。在老师和同学的鼓励下，他意识到自己可能是被自卑所困扰，并决定勇敢地面对自己的恐惧。于是，他开始每天对着镜子练习唱歌，甚至在公园里也敢放声歌唱。

这些努力并没有白费，经过日复一日的尝试，他已经能够坦然、自信地在众人面前展示自己了，他的音乐才华也逐渐得到了人们的认可。大卫·鲍伊的专辑 *The Next Day* 和 *Blackstar* 都成为音乐史上的经典之作。不仅如此，他在演艺领域也有着出色的表现，他凭借主演的科幻电影《天外来客》，一举夺得第4届美国电影电视土星奖"最佳男主角"奖。

大卫·鲍伊的故事告诉我们，面对自卑情绪时，我们可以积极寻找适合自己的应对方式，努力走出阴影，实现自我价值。

小贴士：还有很多名人都有努力克服自卑并最终走向成功的经历哦！我们可以多找一些名人传记来阅读，当你读到那些名人也曾被自卑困扰，但后来又通过不懈努力和坚持，最终获得成功的时候，你就会发现，自己也能做到！

成功

战胜自卑情绪新法宝：成功日记法

现在，我们一起来学习战胜自卑情绪的神奇法宝——成功日记法！这个办法很简单，但是需要我们花费一些时间和精力去坚持。"成功日记"可不是一本普通的日记，它就像是一个魔法宝盒，能够帮我们把每一天的小胜利都装进去，然后让你在需要的时候，随时取出来，给自己加油打气！

回想每天的小成就

每天晚上，当你躺在床上准备进入梦乡的时候，不妨花几分钟时间，回想一下今天你做到了哪些超棒的事情。比如："哇，今天我在课堂上大胆发言，老师都夸我了呢！""哈哈，今天我自己动手做了一个小手工，妈妈都说好看！"哪怕只是一个小小的进步，都值得你骄傲地记录下来哦！

记录小成就和日期

别忘了，在成功日记的旁边，还要写上日期以及这是你的第几天胜利哦！看着那些数字一天天增加，从1到10，再到100、365……你会发现，原来自己已经变得这么强大，这么了不起了！

积累你的成功日记

慢慢地，你会发现，原来那些曾经让你感到自卑的小情绪，都在不知不觉中被你的成功日记打败了！当你的成功日记越来越厚，你可以翻阅一下，看看自己都有哪些小成就，从中亲自感受一下自己的强大。到时候，你甚至会笑着对自己说："嘿，自卑小怪兽，谢谢你！是你让我变得更勇敢、更自信了！"

小思考

现在，请你跟着上面的步骤，学习样例的书写格式，试着写下你今天的成功日记。

我的成功日记

成功事件	日期	胜利天数
上课的时候大胆举手发言了！	20××年×月×日	第1天胜利
	年 月 日	第 天胜利

小贴士：成功日记的关键在于坚持不懈！等你拥有100条甚至1000条成功日记记录的时候，你就完全战胜自卑情绪啦！

攸攸教授心里话

　　每一次成功都值得被记录，只要是你觉得做得很棒的事情，无论大小，都可以写进你的成功日记呢！

　　如果不知道今天的哪一个小成就值得记录，可以想想自己在今天的哪个瞬间是自豪、满足的，那也是属于你的成功时刻呢！

6. 积极心理暗示，为生活添些阳光

一年一度的运动会

马上要参加运动会了，但对自己毫无信心。

完全看不到希望，觉得自己肯定做不到。

比赛过程中发现其他选手都表现得都非常优秀。

运动会铅球比赛，别人都有肌肉。

觉得自己处处不如别人。

我输定了。

动作要领怎么突然想不起来了……

肯定完蛋了。

攸攸教授有方法

你知道吗？有时候，心理暗示就像一个调皮的小精灵，它会悄悄地改变我们对自己的看法！当我们遇到难题的时候，它就趴在我们的耳边悄悄地说："这道题太难啦，你肯定做不出来！"结果我们的信心就被吓跑了，头脑也一片空白，完全找不到解决的办法了。这就是消极心理暗示的黑魔法，它会一点点吞噬我们的信心，让我们陷入"我不行""我做不到"的消极想法里无法自拔！

不过，别担心！我们可以施展一些小小的魔法，来摆脱消极情绪的负面影响哦！这些魔法可以帮助我们获得积极的心理暗示，让我们变得更自信、更快乐！要相信，我们每个人都有无穷的潜力，你也一定可以做到！

皮格马利翁效应

1968年，美国心理学家罗伯特·罗森塔尔和他的伙伴们做了一个实验，来研究心理暗示对学生的影响。他们来到美国的一所小学，先对小学1～6年级的学生进行一次名为"预测未来发展的测验"，然后将一份"最有发展前途者"的名单交给了校长和老师。

8个月后，罗森塔尔再次来到这所学校进行测验，结果发现，名单上的学生成绩普遍提高，而且性格开朗，求知欲望强烈，与教师的感情也特别深厚！

但其实呀，这份名单是随机抽取的，根本与测验分数没有任何关系！学生和老师们并不知道名单的真实性，老师们都相信了这份名单上的同学会有更好的发展前途。所以，大家对这些"最有前途发展者"有了更多的关注和期待，他们非常相信这些学生能发展得更好。

罗森塔尔基于这个研究提出了著名的"皮格马利翁效应"：期望和赞美能产生奇迹。当我们对某人或某事充满期望时，这份期望会变成一种信念，在接收到这种期望后，我们也会努力朝这个方向去发展，并最终获得我们期待的结果。所以，相信我们自己的潜力是非常重要的哦！如果把这种强烈的积极心理暗示放在我们自己身上，我们也会获得更强大的行为力量！

情绪变化魔法棒：积极心理暗示

接下来，让我们一起试着学习使用"积极心理暗示"的神奇魔法棒吧！只要我们学会恰当地使用它，就能轻松应对各种情绪困扰。而且，它还能帮我们变得更强大、更自信哦！

选择适合你的暗示语

每个人都有专属于自己的鼓励密码，比如"我很棒！""我可以的！"，这些鼓励密码会在关键时刻给予我们力量！开动我们的脑筋想一想，你的暗示语是什么呢？如果你不知道从哪里开始，那就从"我很勇敢！""我能行！"这些简单的暗示语起步吧，然后再慢慢找到能触动你心灵的那句话，帮你重拾信心和力量！

小思考

面对不同的情绪，我们可能需要搭配不一样的暗示语来使用魔法棒。当你遇到情绪小怪兽的时候，哪些暗示语可以更有效地帮助你解决它们呢？

选择你的专属暗示语

情绪	推荐暗示语	你的专属暗示语
紧张	别担心，我可以的！	
难过	没关系，困难只是暂时的！	

重复暗示和坚持练习

或许你会觉得这些暗示语听起来像是虚幻的泡影，或是微不足道的小手段。然而，当不安的阴云笼罩心头，或恐惧的浪潮袭来时，不妨在心底默默念诵这些暗示语。随着时间的推移，你会惊喜地发现，它们不仅如同魔法般在悄然生效，而且如同阳光穿透云层，温暖而明亮，为你驱散内心的阴霾，带来宁静与勇气。最后，别忘了，它们如同每日的健身锻炼，需要持之以恒。

结合深呼吸自我放松

在重复暗示语的同时，我们可以试试通过深呼吸来放松身体，这样能让你的暗示语更容易深入内心哦！每次深呼吸时，我们都可以想象自己正在大口地吸入正能量，把所有的负面情绪都用力呼出。

首先，我们需要找一个安静的地方，选择你觉得舒服的姿势坐下或者躺下。接着，一边默数三个数一边慢慢地吸一口气，把香甜的空气吸进肚子里。然后，像吹气球一样，慢慢地把肚子里的空气和心里的痛苦一起吐出来。重复几次，你会感觉自己的身体和心情都变得轻松起来了呢！

想象放松的积极场景

除了念诵暗示语，你还可以在脑海里想象一些积极的场景。比如，想象自己成功完成了某个任务，或者想象自己在一个快乐、安全的环境中。这些画面会激发你的积极情绪，让你更有信心去面对困难。

记录自己的独特感受

每次使用心理暗示后，试着花点时间记录你的感受吧。文字或者图画都可以很好地记录我们的感受哦！这样，你就能清楚地看到自己的进步，从而更加坚定地使用这支魔法棒啦！

遇到的小烦恼
考试考差了，好难过。

心理暗示语
只是一次考试而已，只要找到问题，我一定可以做得更好！

使用感受
我感觉好多了。我会变得更棒的！

欣欣教授心里话

当你挥动积极心理暗示的魔法棒时，请记得最重要的一点——相信自己的力量！只有在坚定地相信自己时，才能发挥出更大的魔法力量哦！

和朋友一起使用这个魔法棒，可能会有意料之外的惊喜！你们可以一起分享暗示语，还可以相互鼓舞、相互扶持，产生更多能量来携手共渡难关！

7. 从点滴小事做起，培养自信心

雄 心 壮 志

今天内写完所有暑假作业！

目标过于远大，一时难以实现。

太多啦！！

根本无法一天完成……

心里提不起劲。

目标总是达不到……

攸攸教授有方法

有时候，我们的自信心就像一个敏感、害羞的小孩子，变化无常。一个冷淡的眼神可能会让自信心迅速开启"躲猫猫"模式，但是一句鼓励的话语又可能让它变得闪闪发光。有些同学在学习数学时，觉得数学难如登天，简直一点儿也学不下去了。但这时，如果老师给我们一句表扬，可能又会让我们觉得自己还可以和数学"大战三百回合"！其实，自信心就藏着这些小细节里，只要我们善于发现，我们就能一点一点地搭建我们的自信王国，成为一个自信满满的人！

J. K. 罗琳的哈利·波特传奇

"哈利·波特"系列的作者J. K. 罗琳，也有过不自信的时候。在创作这个系列之前，她经历了失业、离婚等人生低谷，生活陷入困境。那时的她，对未来充满了迷茫和不自信。

然而，正是在这段灰暗艰难的日子里，她构思起了哈利·波特的魔法故事。起初，她只是在咖啡馆里随意地写下一些片段，并

没有想过这会成为一部畅销全球的作品。但随着时间的推移，她逐渐沉浸在这个魔法世界里，也在这个过程中找到了自己的价值，开始相信自己其实可以做到很多事情。

当她把《哈利·波特与魔法石》的手稿寄给出版社时，心里还有点小紧张，担心自己的作品难以被大家接受。但令人惊讶的是，这部作品一经出版便引起了轰动。大家都被这个魔法世界所吸引，J. K. 罗琳也因此一夜成名。在这个过程中，她的自信也逐渐建立起来，变得越来越强大。

这个故事告诉我们，自信并不是一蹴而就的，它往往来源于持久的努力和个人价值的实现。只要我们勇敢尝试、坚持不懈，就一定能发现自己的闪光点，从而培养出自信心。

小积累也有大回报

J. K. 罗琳的故事告诉我们，自信心的来源其实就是我们自己。但是，我们可能需要借助一些小技巧来调动我们的自信心，帮助我们变得更加自信。这些培养自信的方法其实非常简单，但是需要我们从小事做起，一点点积累起来，你准备好一起行动了吗？

小任务和积极反馈

我们每天都可以给自己布置一些简单的小任务，比如整理书包、帮忙做家务等。任务不用太难，最好是我们花费一些努力就可以完成的。

完成任务后，千万不要忘了给自己一些奖励！如果完成了小任务就可以收获一颗糖果或者一个笑脸贴纸，你是不是感觉任务都变得有趣起来了呢？如果想不到什么奖励比较合适，也可以夸夸自己，比如"我今天作业写得真整齐"或者"我画的画真好看"等。这些奖励和夸赞，都属于我们自己的自信宝藏。

开启新的尝试之旅

有时候，自信心的产生也可能来源于对新挑战的勇敢尝试。我们身边的新挑战有很多，比如学习一项新技能、解开一道数学难题、改掉一个坏习惯等，都是很酷的尝试。

尝试新事物可能会面临一些困难，但如果把挑战拆分成很多小步骤，就会变得容易起来。比如，如果我们想学游泳，就可以先感受和熟悉水的环境，然后练习一下怎么在水里憋气，再试着在水里浮起来，然后学习游泳的动作，最后再把动作和呼吸配合起来，慢慢地就学会游泳啦！

小贴士：能够开始尝试，就已经是很勇敢的行为了！比如，对于不会游泳的我们，能够走进游泳池里感受水中的环境，就已经是成长路上的一次成功尝试了哦。

听起来是不是感觉还是有点难度呢？没关系，我们可以拆分得更细一点。比如要熟悉水性，我们可以先在游泳池里待一小会儿，然后试着在水里走几步，或者在浅水里坐下来放松一下。这样一来，每一步都变得超级简单，我们也就更容易做到啦！

设置并完成小目标

如果还是担心自己很难坚持下去，我们也可以给自己设定一些小目标哦。比如每天运动30分钟、每周读一本书等。每完成一个目标，我们都可以用符号或者表情图案为自己设置的目标进程"打卡"，以此提升我们的信心和愉悦感。坚持一段时间后，我们可能会惊讶地发现：我们可以完成很多事情，原来我们超棒！

目标进程打卡表

小目标	打卡天数	打卡进度
每天运动30分钟	第1天	√
	第2天	(*^▽^*)
	第3天	
……		

攸攸教授心里话

　　培养自信心其实很简单，但就像种树一样，需要我们用时间和耐心去为自信心的大树提供养料，慢慢积累，我们就会拥有一片属于我们的"自信心森林"啦！

　　生活中的小赞美、小鼓励，也都是很珍贵的自信心养料哦！所以，请珍惜来自大家的肯定，当然也不要吝啬你对别人的夸奖和赞美呀！

8. 保持适度紧张，消除考试恐惧

"谈考色变"

攸攸教授有方法

一提起考试，可能很多同学就感到心烦意乱、头晕眼花了。考试是我们日常学习中检测学习效果的常见手段，但因为来自外界的环境压力和我们自己的心理压力，不少同学"谈考色变"，对考试产生了严重的恐惧，甚至会影响到自己的身心状态和发挥。

考试恐惧往往会让我们特别担心考试结果，害怕考试的来临。考试前我们可能还会因此出现身体不适的情况，这可能会导致我们在复习和考试的时候很难集中注意力，大脑一片空白。接下来，就让我们一起学习如何应对考试恐惧小怪兽，从容面对考试吧！

耶克斯-多德森定律

美国心理学家耶克斯与多德森联手发现了一个超级有趣的定律，这个定律告诉我们，动机和我们做事的效率之间有个奇妙的关系：动机水平太高或者太低都会降低我们的效率，只有当动机在最佳水平的时候，我们才能拥有最高的效率。这就是耶克斯-多德森定律。

耶克斯与多德森设计了一系列实验来观察不同动机水平对任务完成效率的影响，其中一个实验是让参与者完成记忆任务。他们通过调整要记忆的材料数量和种类来改变任务难度，同时他们给完成任务设置了不同的奖励，有的奖励比较丰厚，更能激起参与者的动机。

効率

容易或简单的任务

难易适中的任务

最佳水平　　　困难或复杂的任务

低 ←　动机水平　→ 高

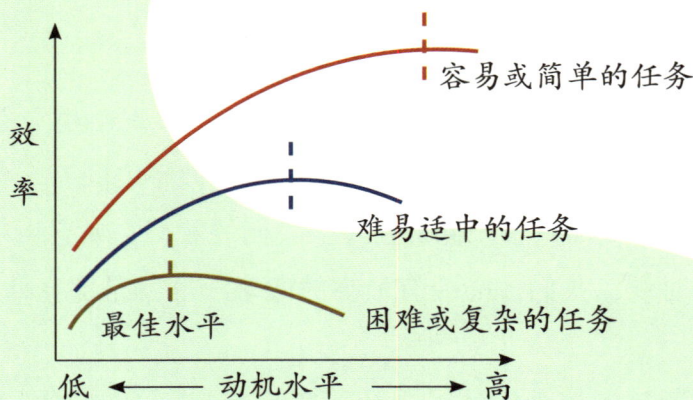

耶克斯-多德森定律关系图

　　结果发现，在简单任务中，参与者的记忆效率随动机的提高而上升，这是不是和大家说的"动机越强、效果越好"很像呢？但随着任务难度的增加，神奇的事情发生了：动机的最佳水平竟然逐渐下降了！这说明，在难度较大的任务中，过高的动机水平可能会让我们的记忆或学习效率变低。

　　对于同学们而言，考试也是这样的！考试通常属于比较困难的任务，但根据心理学家们的研究，我们的动机和紧张的最佳水平应该是中等程度。太放松可能会导致我们因不重视考试而准备不充分，太紧张则可能导致我们因太害怕考试而考砸。对于大多数同学来说，遇到的主要困难可能就是考试之前太紧张。那要怎样调整心态来降低紧张度，让我们能保持在适度的紧张水平呢？

保持适度紧张小技巧

考试其实并不可怕，让我们感到恐惧的往往不是考试本身，而是我们对考试的看法。现在，让我们一起来学习降低考试压力、保持适度紧张的小技巧吧！

换个角度看世界

闭上眼睛，想象自己化身成为超级英雄，在考试这个刺激又好玩的通关游戏中，一路披荆斩棘，打赢了所有的难题关卡，获得高分！每闯过一个问题关卡，就像完成了一次惊险刺激的冒险，还有各种各样的科目副本等着你去征服，听起来是不是超级过瘾？当考试变成了一场通关游戏，考试压力的小怪兽都会变得可爱起来。当然，这场考试保卫战的主角就是你这位超级英雄，具体的通关场景需要由你亲自设计。这种想象能让你的心情变得轻松又愉快，对考试也会更有信心和勇气。

分解目标小糖果

试想一下，如果要一口气吃完一大罐糖果，是不是感觉很难完成、很有压力呢？考试也是一样，如果我们对考试结果有着太高的期望，想一下子取得很好的成绩，反而会让我们感到压力巨大。其实，我们可以试着把我们的目标拆分成一颗颗小糖果，每次只关注一个小目标，比如"这次我要比上次多考5分"。这样的小目标不仅更容易实现，而且每次达到目标都能给你带来小小的成就感，让你更加有信心去面对接下来的挑战。不仅如此，当你把注意力放在小糖果上时，也许你会发现大糖果（最终的目标）也在不经意间向你靠近哦！

找个树洞说说话

有时候，我们会觉得考试给我们带来了沉重的压力和负担，这往往是因为我们过于渴望取得好成绩，动机强烈得超出了我们的承受能力。这个时候，光靠我们自己的力量可能很难赶走考试恐惧的小怪兽。因此，我们可以寻求其他人帮

助。找你的家人或者信任的好朋友，向他们倾诉你的担忧与恐惧，你会发现心情也变得轻松起来。记住啦，你不是一个人在战斗，你的家人和小伙伴们都在为你加油打气呢！

攸攸教授心里话

考试只是我们学习路上的一只小拦路虎，只要我们勇敢地去面对，用心去准备，就一定能够战胜它！别忘了，考试前也要保证充足的睡眠哦！我们的大脑需要得到充分休息，才能在考试中顺利调用学过的知识！

9. 一件幸福小事，发现生活之美

小 美 满

每天都是一样的生活。

幸福和快乐到底在哪里呢？

攸攸教授有方法

　　生活中处处都有幸福和快乐的影子：老师的赞扬和鼓励、下课与朋友们的谈天说地、买到心心念念的零食……这些小事看上去好像并不起眼，却时时刻刻温暖着我们的心。只要我们细心观察，就会发现生活中还有许多美好的小幸福在等着我们去感受。不过，生活的美好总是隐藏在不经意的瞬间，我们要怎样才能找到它们呢？

海伦·凯勒和《假如给我三天光明》

　　如果你突然看不到也听不到了，你要如何与生活抗争呢？这似乎是一件无比艰难的事，要是我们真的遇到这种情况，或许会感到无能为力。但海伦·凯勒用她的故事告诉我们，即使生活在"困难模式"中，我们也可以从中找到快乐和幸福，获得属于我们的美好人生！

　　海伦·凯勒小时候生了一场大病，从此失去了视觉和听觉。很多人觉得她可能很难再过上正常的生活了，大概会郁郁寡欢地过完这一生。但是，她并没有放弃自己，而是以惊人的毅力和乐观的态度面对生活。在老师安妮·沙莉文的帮助下，海伦学会了用手触摸和感受世界。她

会用手指去触摸花朵的美丽，感受微风的抚摸，还会用心去聆听小鸟的歌声。这些生活中的小幸福，让她发现了世界的美好和神奇！

于是海伦开始努力学习，在克服了重重困难后学会了盲文和说话。她读了很多很多的书，这些书让她的内心世界变得更加丰富，也让她找到了新的人生方向。海伦把自己的经历用文字记录了下来，向大家分享她用手"看"世界、用心"听"声音的幸福瞬间和感受，也表达了她对美好生活的期待。这些文字最终形成了《假如给我三天光明》的经典名著，很多人都受到了海伦·凯勒的鼓舞，获得了走出困境的心理力量！

生活中的美好小事不仅仅帮助海伦·凯勒走出了自己的小世界，还让她看到了生活的无限可能。她成为一位作家、演说家，甚至为残障人士争取权益作出了巨大贡献。海伦·凯勒的故事告诉我们，发现生活的美好是一种宝贵的能力，它不仅能够给我们带来充实感和幸福感，还能够激发我们的创造力和潜能，帮助我们获得积极生活的不竭动力。

美好生活储蓄方法：幸福银行账户

幸福和快乐其实就在我们身边，需要我们自己去寻找和发现。那么，要怎样才能积累我们身边的幸福呢？有一个办法可以帮我们把生活中的幸福和快乐积攒起来，汇聚成我们的"幸福银行账户"。现在，我们就一起来试试吧！

幸福银行开户

  首先，我们得找一个漂亮的小本子，作为我们"幸福银行"的"幸福存折"，专门用来记录幸福小事。记得要随身携带这本小本子哦，这样无论何时何地，只要有小幸福光临，就能立马记录下来。

汇入幸福存款

  接下来，就是每天固定的"幸福存款"时间啦！在夜幕降临之前，坐在书桌前，闭上眼睛，再回想一下今天有哪些让我们嘴角上扬、心里感到暖洋洋的事情。不论是和好朋友一起玩耍，还是吃到了妈妈做的美味大餐，都可以作为一笔"幸福存款"哦！存款可以是幸福事件的文字记录，也可以是代表我们当时幸福感受的一个符号或者表情。

养成记录习惯

但是，光开户和存款还不够哦！我们得养成每天都来"幸福银行"存一笔的好习惯。坚持下来，我们会发现，原来生活中有这么多幸福和快乐的事情，"幸福存折"可能都快写不下了呢！

回顾幸福账单

最后，别忘了定期回顾"幸福账单"。可以把我们的幸福小事和爸爸妈妈一起分享，让他们也感受到我们的快乐。还可以和小伙伴们聚在一起，互相分享自己的幸福小事，说不定大家都有类似的经历呢！当然，我们也可以一个人静静地翻开"幸福存折"，回味那些美好的瞬间，我们会发现生活真的很美好！

依依教授心里话

"幸福银行"里面不仅可以存储属于你的幸福事件，也可以存入你发现的幸福和快乐哦！也许是朋友和你分享的喜悦小事，又或者是班级获奖的自豪瞬间，这些来自生活的小美好，都可以写进我们的幸福银行账户，帮助我们记录下更多的美好！

10. 科学呼吸放松法, 让自己迅速平静

1分钟
小漫画

台上1分钟

攸攸教授有方法

紧张？焦虑？心烦意乱？别慌，深呼吸——你知道吗，正确的呼吸方法真的可以帮助我们放松下来，这可是有科学依据的哦。你有没有发现，情绪和呼吸、身体都是紧密相关的。当我们非常伤心或者非常愤怒时，呼吸通常会变得十分急促，甚至让你感觉喘不上气来。这就是情绪在控制我们的呼吸。呼吸需要我们调动肌肉，当我们能够运用技巧放松肌肉、科学呼吸时，就能够有效地放松情绪，保持轻松愉悦的状态啦！

詹姆斯·内斯特的奇特呼吸体验

美国记者兼作家詹姆斯·内斯特曾经写过一本《呼吸革命》，里面讲述了他发现呼吸奥秘和重新认识呼吸这门学问的过程。

一开始，为了解决自己的呼吸困扰，詹姆斯报名参加了一个免费的呼吸训练法体验，由老师带领大家一起做呼吸练习。他忐忑不安地到了现场，大家围坐在一起，老师用磁带放起了音乐。大家闭上眼睛，跟着老师的口令，呼——吸——呼——吸——，没过多久，詹姆斯就觉得无聊了。他心里犯嘀咕：怎么会有这样的呼吸法啊，我是不是来错地方了？他看到周围有人快睡着了，还有人咧着嘴笑，这完全是一场无意义的呼吸训练。詹姆斯不好意思直接走人，就硬着头皮继续跟着音乐呼吸。慢慢地，他好像有了不一样的感觉。

没有了紧张和彷徨，他感觉自己的心飘到了别处，稳稳地扎了根。随着不断重复一呼一吸的动作，音乐停了，詹姆斯发现自己竟然满头是汗，衣服都湿了。就是这样一次特别的体验，让詹姆斯对呼吸有了全新的看法，于是他开始研究起呼吸方法。

快速应对紧张或焦虑——呼吸放松法

我们的身体很神奇——比如我们能够根据呼吸方式判断自己的紧张程度，当我们处于紧张状态时，我们通常会用胸式呼吸，又浅又快；但当我们处于放松状态时，我们通常会用腹式呼吸，这样的呼吸更加充分、深入。

在这个过程中，吸气和呼气的时间比例也会产生影响。如果你呼气的时间长一些，就会更加放松；如果吸气时间长一点的话，就会感觉更专注、更兴奋。

所以，如果你感觉到身体紧绷，很难放松下来，那就从主动调整呼吸方式开始吧。想知道怎么做吗？调整一下身体，跟我一起试试吧！

小贴士：呼吸就像钟摆的节奏，当你稳定呼吸的时候，它不仅能够帮你放松，还能提高你的注意力呢！

第一步

将一只手放在胸前，另一只手放在腹部，去感受此刻胸部和腹部随着呼吸而起伏的幅度大小，这样你也能感受到自己当前的紧张程度。

提问：现在你用的是胸式呼吸，还是腹式呼吸？

第二步

小贴士：注意数数也不要太快哦，至少要比秒针转动慢！

尽量保持胸部不动，用鼻子慢慢地深吸一口气，尽可能把空气都吸到身体最深处，让新鲜空气充满你的肺。如果你感觉很难放慢呼吸，或者习惯猛地吸一口气再一下子把气完全呼出，那就试试用数数来调整节奏吧。吸气的时候在心里从1数到4，呼气的时候再重新慢慢地从1数到4。

第三步

先吸一口气，再屏住呼吸，暂停一段时间。然后慢慢地从鼻子或嘴巴中呼气，直到把空气都呼出身体，接着再屏住呼吸一小会儿。记得呼气时身体要放松，不要用力。

完成以上三步，就相当于完成一次呼吸啦！你可以保持呼吸的稳定规律，再重复以上步骤做9次。你将10次腹式呼吸视为一个单元，在面对上台表演、即将考试、和人冲突快要爆发了等紧急情况时，你都可以通过腹式呼吸让自己快速放松下来。

保持持续的腹式呼吸的好处有很多，但呼吸方式不是一下子就能改变的。你需要每天进行5分钟的腹式呼吸练习，至少坚持

小贴士：练习腹式呼吸时，如果你开始感到有点头晕，那就停下来15~20秒，然后再接着进行。千万别逞强哦！

2周。你可以每天固定一个时间做，让呼吸练习成为一种习惯。这些练习也可以在你需要快速调整呼吸、放松自己的时候帮助你加快进度，减少转变时间。

如果想让呼吸效果更上一层楼，你可以学习下面两种呼吸频率，综合使用它们。还记得我前面说过呼吸时间不同效果也不同吗？如果想让自己平静下来，就选择短吸长呼；如果想要让自己提神专注，记得选择长吸短呼哦！

短吸长呼：

吸气两秒，
屏息三秒，
呼气五秒，
屏息两秒。

长吸短呼：

吸气五秒，
屏息两秒，
呼气两秒，
屏息三秒。

攸攸教授心里话

　　如果我们能掌握呼吸的主动权，那就相当于掌握了身体的主动权，这样就能更好地控制我们的情绪啦。但是，当遇到问题时，我们很容易陷入情绪中，忘记调整自己的呼吸。所以，我们最好从平时就开始练习，让科学的呼吸放松法成为一种意识、一种习惯哦！

11. 慢性压力真难缠，试试转移注意力

走不出来……

我和最好的朋友吵架了。

上课的时候想着，不开心。

吃饭的时候想着，不开心。

玩的时候想着，不开心。

想走却走不出来，做什么都受影响，我该怎么办……

攸攸教授有方法

在生活中，我们总会碰到不顺心的事情，它们让我们难过，让我们生气，让我们紧张，于是我们难以自控地流泪、发脾气、大喊大叫……我们的情绪就像洪水猛兽一般，不受控制地往外涌，一直积攒着，影响我们很长一段时间。它之所以不受控制，归根到底是因为我们还不懂得如何管理压力，没有找到合适的调节情绪的方法。

李纳"弈棋以息怒"

出色的人知道怎样控制自己的情绪，古时许多文人志士都习惯借助兴趣爱好转移自己的怒火，以此修身养性。

明代郑瑄的《昨非庵日纂》中记载，有一个叫李纳的人，他性情急躁，非常容易发脾气。但是他酷爱下棋，而且十分注重下棋的礼节，每次下棋时内心都很平静，整个人也会变得安静温和。以至后来只要看到李纳快要发怒，他的家人就会赶紧悄悄地把棋盘摆在他面前。李纳一看见棋盘便不能自拔，

立刻变得很平静，拿出棋子思考怎么布局。在下棋的过程中，李纳忘记了自己生气的事，怒气自然也就没了。

包括李纳在内，无数的古人都曾用自己的情致，比如练书法、赏花、画竹、写书等来调节情绪，以从容的心态面对生活。我们也可以学习他们的做法，让自己投入到更快乐或者更有意义的事情当中。

一招应对慢性压力——转移注意力

有时候，当我们面对令人难受的情绪时，会选择压抑自己，不想让别人看到自己丢脸的一面。有时候，我们的老师、父母可能会在我们哭泣时说"哭什么哭，不准哭了！"，或者在我们因愤怒而发脾气时责备我们不该这样，于是我们不得不藏起一切负面情绪。然而，把情绪藏起来并不意味着它们就消失了。憋着情绪，我们就如同一个高压锅，越是堵着冒气的口，就越容易爆炸。最终，我们可能会因为一点小事就崩溃了，没有办法像平时一样，以最好的状态学习和生活。所以，我们需要在爆炸前放放气，让里面的压力释放出来。

因此，如果我们总感觉很压抑，心里憋得慌，似乎干什么都不愉快，负面情绪不是那么强烈，但又没有办法很好地发泄出去的话，可以尝试一下转移注意力小妙招哦。

在日常生活中，想要把我们的注意力从不良情绪的旋涡中转移出来，主要有三个常用方法：

做自己喜欢做的事情！

做自己喜欢做的事情往往可以视为转移注意力的第一步，它可以为我们排解情绪做准备。

当我们拥有了自己的兴趣爱好，在产生不良情绪时，这些兴趣爱好就如同一个安静的小房间，为我们提供了平复情绪的场所。

听音乐——
舒缓情绪

运动——
分泌多巴胺，
使人开心

看书——
让人安静专注

睡觉、吃东西、画画、摆弄花草……

　　每个人的兴趣爱好不一样，我们有无数的选择，重要的是要学会主动运用兴趣爱好来转移注意力。

参加集体活动！

　　集体活动能够加强我们和别人的接触，将我们的注意力转向更广阔的地方。如果我们的负面情绪已经基本平息，就可以尝试去参加集体活动了。比如，我们在上午遇到了不愉快的事情，那么晚上我们就可以去参加一些活动放松心情，转移我们的不良情绪。当然，不要硬逼着自己去接触人群，顺其自然，选择自己感兴趣的活动就好！

参加活动，和
同龄人在一起。

→

注意力转移到
活动、伙伴上。

↑

↓

发生了不愉快的事。

情绪大变化！

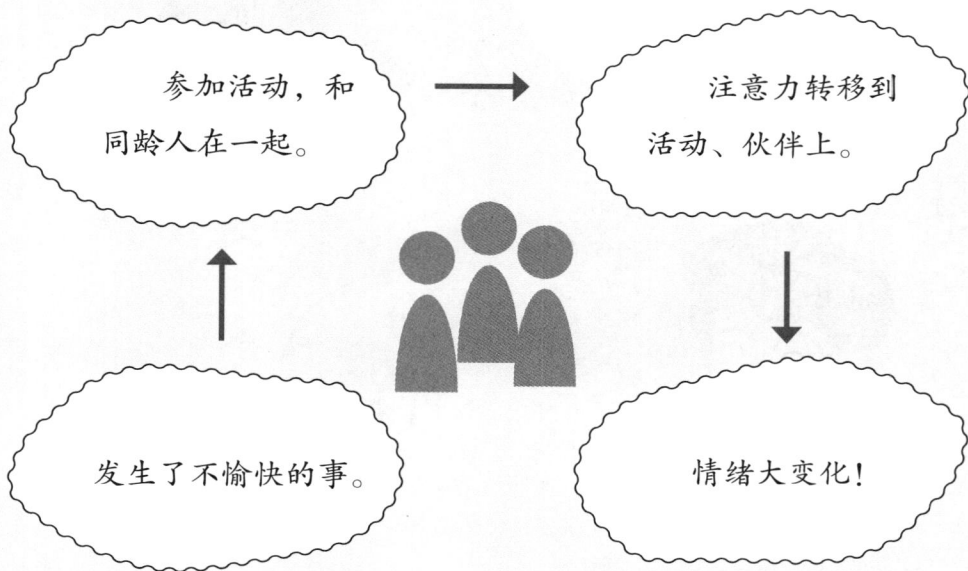

　　记得在活动进行中或者活动结束后，观察自己当下的心情哦！

情绪处理秘密武器！

　　除此之外，我们还有一个秘密武器——情绪处理转盘！悄悄告诉你，它不仅能帮助我们在较短时间内将注意力从消极情绪中转移出来，还能培养我们自我调节情绪的习惯呢。

　　如果觉得这个情绪转盘不太适合自己，你也可以自己设计

踢足球
画画
看电视
吃蛋糕
玩玩偶
说出感受
唱歌
跑步

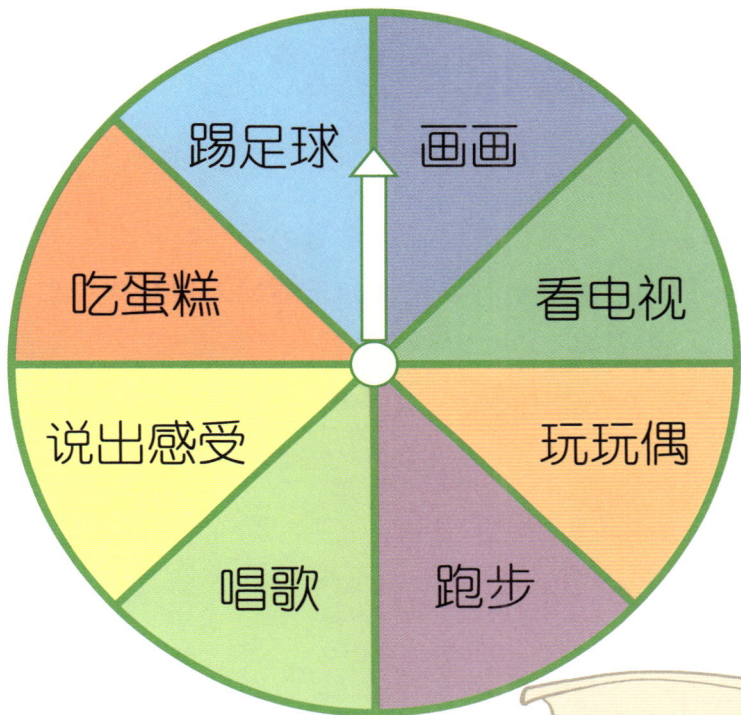

小贴士：情绪转盘里的方法要尽量选择自己喜欢且容易达成的哦。

其他的形式。让我们一起感受其中的仪式感和趣味性，跟着它行动起来吧！当你有把握不用再借助转盘工具来调节情绪时，就直接罗列出来，然后立刻执行！

做做教授心里话

希望这些转移注意力的小妙招能对你有所帮助，当然啦，最重要的是要找到适合你自己的情绪管理方法。我们也可以多多邀请家人参与进来，说不定会有意想不到的效果呢！

12. 翻转卡片，消极情绪变积极

换个角度

攸攸教授有方法

在生活中，我们每个人都会遇到不开心的事情，比如被爸爸妈妈批评，或者和同学闹矛盾。就像人们对待下雨天的态度一样，有些人会因为担心被淋湿而不开心，但是有些人却会因为庄稼吸收水分后长得更好而感到开心。所以，对于同一件事，我们的看法不同，产生的情绪也会不同。正因为如此，我们可以通过调整自己的想法来调整自己的情绪哦。

残缺的牡丹

曾经有一位著名的国画家，名叫俞仲林，他最擅长的就是画牡丹。有一位十分仰慕俞仲林的人，有幸求到了俞仲林的一幅牡丹画。回去之后，此人高兴地将画挂在客厅，确保每一个来家里的人都能看到。然而，这位幸运儿的朋友到他家做客时，却大喊这画不吉利。幸运儿问朋友原因，朋友说："这朵牡丹没有画全，牡丹代表富贵，缺了一角，意思不就是'富贵不全'吗？"幸运儿很惊讶，越看这残缺的牡丹越觉得不顺眼，忧心忡忡，连着几天都没什么好胃口。

于是，幸运儿准备请俞仲林重绘一幅。俞仲林听了他的理由，反而说："既然牡丹代表富贵，那么牡丹缺一边，不就是富贵无边吗？"幸运儿觉得这话十分有道理，对牡丹越看越喜爱，高高兴兴地捧着画回去了。同一幅画，因为看画的人心态不同，便对画产生了不同的看法。当我们换个角度看问题时，也许过去的烦恼就会变成现在的快乐与动力源泉了呢。

改变情绪的神秘魔法——翻转卡片

消极想法容易让我们产生消极情绪，积极想法则容易让我们产生积极情绪。如果我们想要每天开心，首先就要能在面对事情时多产生积极想法。当然，我们都知道，改变想法没有那么容易。不过，接下来要介绍的神秘魔法，可是能够帮助我们大大增强情绪免疫力的哦！这样一来，以后我们再遇到类似的事情，就能够正确地思考，不会再感到有那么大的压力啦。这个奇妙魔法，就是翻转卡片。

现在，让我们一起尝试翻转卡片吧！借助一些小小工具，我们就可以对消极情绪施展魔法，让它们变成积极的想法和情绪。

首先，拿出一张两面都可以写字的卡片。

然后，按照下页图片展示的样子，在卡片对应的位置上填写内容。在卡片正面上方写上引起不良情绪的事件，然后认真回想一下自己对这个

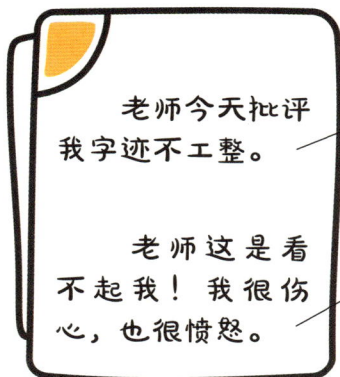

老师今天批评我字迹不工整。

老师这是看不起我！我很伤心，也很愤怒。

卡片正面：
引起你的不良情绪的事情经过

对这件事情的想法和情绪感受

事件的想法和情绪感受，写在事件下方。

接着，将卡片翻到背面，继续填写新的内容。对于这样一件事情，我们可不可以换一个积极的角度来看待呢？如果自己想不到怎样从好的角度看事情，可以向你身边的人寻求帮助，特别是经验更丰富的爸爸妈妈，试着采用你问我答的形式，一起寻找新解释！

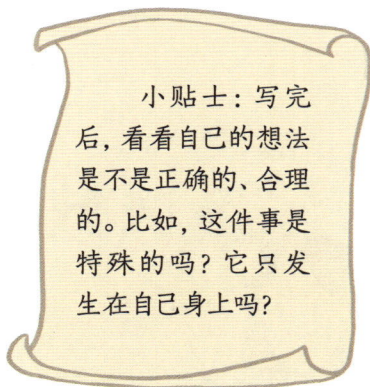

小贴士：写完后，看看自己的想法是不是正确的、合理的。比如，这件事是特殊的吗？它只发生在自己身上吗？

卡片背面：
积极想法

积极想法对应的事情结果

也许这是因为老师喜欢我、关注我，期待我能更进一步。

我会好好努力！

填完卡片后，我们还要做一个最关键的动作，那就是将卡片从消极想法那一面翻转到积极想法这一面。这个动作就像变魔法一样，能让你切实地体会两种想法带给你的不同感受，看看它们对你之后的行动会有什么影响。

没有这个动作，魔法可就不灵验了哦，所以千万别忘记翻转卡片！

欣欣教授心里话

翻转的卡片犹如一个神奇的道具，承载着我们改变想法的过程。当我们使用卡片时，就像是在探索一个全新的世界，寻找着不同的角度和解释。当我们养成了习惯，每次出现消极想法时，即使没有卡片在手边，我们也可以在脑海中想象出来，然后施展魔法——翻转它！如此一来，我们就能轻而易举地改变想法啦。是不是很简单呢？

13. 用心倾听，读懂自己内心需求

让 我 想 想

攸攸教授有方法

在生活中，我们常常会感到迷茫。一边是爸爸妈妈对我们的期望，希望我们成绩好、开朗活泼、有自己的特长，还要快乐成长；另一边是我们内心的需求，想要获得爸爸妈妈的理解，希望他们给我们一些空间和自由，认可我们的努力，支持我们的梦想。但是，大家对我们的关注和期待就像一个个小喇叭围绕在我们的身边，让我们听不到自己内心的声音。不过别担心，这里有一个神奇的宝物——"4A倾听法"，它可以帮助我们读懂自己的内心需求！

小和尚的小石头

从前有个小和尚，跟着师傅修行时，心里总是懵懵的，不知道自己为啥要修行。他特别想跟师傅学点真本事，于是就问师傅："人这一辈子，最有价值的是啥呀？"师傅没有直接回答，而是给了他一块普普通通的石头。

师傅让小和尚拿着石头去村里走一圈，问问每个人如何看待这块石头的价值。小和尚乖乖照做，走遍了村里的每个角落。结果呢，每个人的答案都不一样！有的人觉得这块石头一分钱都不值，放家里还占地方，自己才不想要这种破烂呢！有的人却觉得石头能带来好运，觉得它价值连城，甚至愿意出好多好多钱，买下这块石头。

小和尚觉得很困惑，明明是同一块石头，为什么大家的看法差别这么大呢？有的人给他都不要，有的人却愿意用自己的全部家当来换。师傅告诉小和尚："每个人都有自己的答案，要用心去听。等你知道自己最需要的是什么，你就会明白什么最有价值！"

读懂我的内心世界——4A倾听法

有时候，我们的大脑会被那些讨厌的想法和情绪占据，然后就只想着把它们都倒出来。然而，我们却忽略了一件非常重要的事情！只有当我们清楚地知道自己内心真正的需求是什么，才能采取有效的行动，真正解决我们的问题！

不过，要读懂自己内心的世界，也是需要方法的。接下来，就让我来给你们介绍一下"4A倾听法"吧！这4A分别是主动倾听（Active）、允许倾听（Allowance）、倾听确认（Affirm），还有赋能倾听（Ability）。

倾听流程

主动倾听 （Active）	用"我注意到/我感到/或许我可以……"的句式开头
允许表达 （Allowance）	1. 全神贯注不打断 2. 允许表达方式自由、观点自由
倾听确认 （Affirm）	复述和总结我刚才的想法
赋能倾听 （Ability）	向自己提问：怎么样？为什么？

第一步 主动倾听

想要倾听自己内心的声音，第一步就是要主动地表达出我们想要沟通的意愿。你知道吗，其实主动倾听也是有小技巧的哟！那就是要用启动语句，而不是用结束语句。看看下面两句话，你认为哪一句会让你更有可能发现自己真正的需求呢？

我又没做错事，为什么要到处挑我刺，干吗朝我发脾气？

我没做错事，但妈妈认为我不对，我感到很生气，为什么我会这么在意呢？

你们看，第二句话听起来是不是让人舒服多啦？这种让人感觉到关心和包容，而不是单纯发泄情绪的语句就是启动语句哦。

我们对比一下就会发现，结束语句通常会采用"怎么就/为什么/干吗要……"这样的句式。而启动语句则多用"我注意到/我感到/或许我可以……"的句式。启动语句更能表现出关心，这样我们就能冷静下来，在温和的情绪中把内心的想法说出来啦。

学会主动倾听，也就是学会了敞开心扉。你可以借此发现自己为什么会有这样的反应哦！

第二步 允许表达

首先，我们必须要保持全神贯注！然后，跟我来试试这些技巧：

1. 注意姿势，用身体语言告诉自己：我在专心倾听呢！

如果旁边有沙发或椅子，那就坐下来吧，这样会让你感觉更自在，也更容易集中精力哦。

在倾听时，我们可以让双手放松地摆在两侧或者前面，就像小鸟展开翅膀一样，轻松又自然！

如果旁边有镜子，那就试试跟自己目光接触吧！

2. 遵守两个原则

★ 自由地表达情绪。不管是边哭边说，还是说的时候有小动作，都没问题！

★ 自由地表达观点。如果你习惯在说话时否定自己，比如使用"但是""肯定不会"这样的词语，一定要克制住这种冲动哦！先把所有的想法都讲完，然后看看我们是如何得出这个结论的吧。

第三步 倾听确认

在寻找自己内心真正想法的旅程中，我们可不能只是简单地说完就算倾听完，还要及时验证一下呢！

复述是个不错的方法！当你倾诉了一部分之后，可以先停下来，简单地复述一下自己刚才说的内容。

遇到了什么事情？

是什么让我感到不愉快了？

我想要做什么？

如果你发现自己没法复述，或者复述的内容和你的真实想法不太一样，那可能意味着你还处于激动和混乱的状态，这些可能只是一时兴起的念头呢。

那就回到第一步和第二步，继续倾听，然后再复述确认，直到你能够确定自己的想法为止。

这样做可以帮我们更好地明确自己的感受和想法，避免产生误会哦。很多时候，我们说着说着，就会从现在生气的事情，联想到很久以前压抑着的不满，这样你自己都分不清重点啦！所以，我们要像数一、二、三、四一样，在脑海中想象出一张便利贴，在纸上把思路梳理清楚！

第四步　赋能倾听

明白自己本来就是有能力解决问题的人，这比别人直接给我们答案并帮我们解决问题要有用得多。所以，在倾听中为自己赋予能量是非常重要的哦！

是不是有点摸不着头脑？别担心，只要抓住两个关键词，你也能做到！

"怎么样"：
我做成了某件事——我是怎样一步步完成或解决的呢？

"为什么"：
我很投入——为什么我这次会如此在意，并且用了很多心思？

当我们意识到自己是如何通过努力来得到想要的东西时，就会发现自己完全有实现目标的实力呢！这样一来，成就感和自信心就会不断积累，我们也会越来越开心哦！

依依教授心里话

如果觉得有点迷茫，不知道该怎么开始，你可以先把倾听中的询问和回应部分交给你信任的人，或者写在纸条上，让整个过程变成一场对话。等你掌握了其中的步骤和技巧，就开始多多练习吧！这样，你就能熟练地一边表达一边倾听，找到自己内心真正想要的东西啦！

就像学骑自行车一样，一开始可能会有点摇摇晃晃，但只要坚持练习，很快就能骑得又稳又快了！所以，不要害怕困难，相信自己，加油哦！

14. 五步制怒法，控制愤怒情绪

怒火中烧

攸攸教授有方法

被朋友冷落、不被父母允许做自己想做的事、在班里受到不公平对待、东西被随意翻动甚至弄坏……生活中处处潜藏着"火星"，稍不注意就会点燃我们内心那颗威力巨大的"炮仗"，这不仅会伤害到别人，也会让自己陷入混乱。控制愤怒似乎很难，那是因为我们还缺乏一些技巧。想知道在怒火爆发前如何控制自己吗？那就继续往下看，这里有好方法哦！

林肯和他没寄出的信

美国著名总统林肯特别擅长控制自己的愤怒，但他也不是天生就会的，而是通过一次难忘的经历才明白了控制愤怒的重要性。

恰逢美国南北战争时期，林肯率领的军队正在和南方军打仗，南方军被打得节节败退，一直退到了河边。恰巧这时，河水开始上涨，南方军被困住了。林肯知道后非常高兴，立刻发电报给维得将军，让他不用开军事会议了，直接出击，这样就能更快地打败敌人，结束内战。

可是，维得将军没有听从林肯的命令。他坚持要召开会议，而且在会议过程中还拖拖拉拉。结果呢，河水退去，南方军顺利逃走了。林肯气坏了，他写下一封信，对维得将军进行了严厉指责，将所有责任都归咎于他。

不过，信还没寄出去，林肯就先意识到，对维得将军发火并不是个好主意。他想：自己不用上战场打仗，在距离战场很远的地方指挥将军做这做那当然容易。但维得将军就在战场上，他需要考虑伤员情况、军队移动的时间、剩余的物资……要考虑的事情这么多，维得将军每做一个决定都必须深思熟虑，他的处境可比自己困难多了。

此时，林肯意识到自己和将军的目标是一致的，都希望自己率领的军队能获胜。他还把自己想象成维得将军，如果将军看了这封信，肯定心情不好，如果和自己吵起来，还会影响打胜仗呢。所以，林肯告诫自己：遇到不开心的事情一定要控制住自己的怒火，保持冷静。最后，他决定把这封信永远放在抽屉里。

控制愤怒的有效措施——五步制怒法

冲动的怒火就像一头凶猛的野兽，会肆意破坏许多美好的东西，甚至可能造成无法挽回的后果。就像消防员要学习如何扑灭大火一样，我们也可以学习一些控制愤怒的技巧，让自己的心情平静下来，而不是被愤怒牵着鼻子走。下次遇到让你生气的事情，不妨试试五步制怒法，看看会带来怎样不同的效果吧！

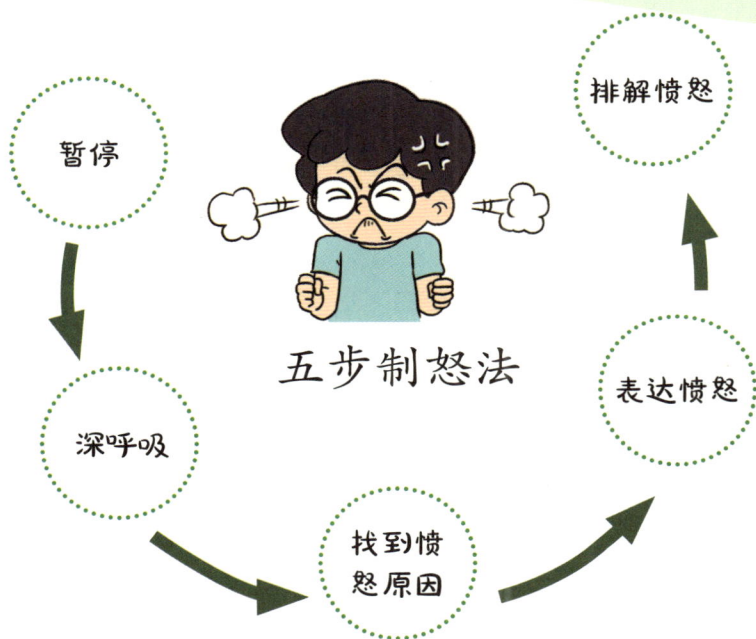

五步制怒法

暂停

深呼吸

找到愤怒原因

表达愤怒

排解愤怒

暂停：让大脑及时恢复冷静

愤怒时，我们的身体会发出一些信号来提醒我们情绪快要失控了，当注意到这些信号时，我们就知道该及时给自己按下暂停键啦。

小贴士：
有时候，你也可以选择暂时离开那个让你生气的人。

愤怒：当我们想大吼大叫，感觉自己心跳加快、呼吸变得急促、脸涨得通红、手开始发抖，甚至恶心想吐，想砸东西，想伤害自己或他人的时候，这可能就是身体在说："警告！你现在超级愤怒哦！！"

生气：我有点儿恼怒。当我们满腹牢骚，会说一些不好听的话时，这可能就是身体在提醒我们："喂，注意，你有点生气啦。"

不高兴：一些事情困扰着我。当我们皱着眉头，不想微笑时，这可能就是身体在提醒我们："小心，你现在可不太开心呢。"

深呼吸：放松身心，进行积极的自我对话

深呼吸会给我们的大脑带来更多氧气，帮助我们平息体内的愤怒情绪。跟着指令试试看吧。

从1数到5，一边默默数数，一边深吸一口气。

从5数到1，一边倒数，一边慢慢呼气。

重复几遍，你会感觉到自己的身心逐渐放松下来。除了默数数字，你还可以重复一些积极的、能让自己平静下来的句子，比如"做些开心的事吧""不会有事的"，就好像在和自己对话一样。

找到愤怒原因：了解自己的愤怒按钮

了解愤怒的原因至关重要，这样你就不会无缘无故地对别人发脾气了。你是否有过这样的经历：在学校被老师批评后，回到家却对关心自己的父母说了难听的话？就像扔石头一样，如果你不看清楚目标就随便扔，很可能会伤到旁边的人。所以，当你感到生气时，要先想一想是什么让你这么生气，而不是马上把怒气发泄到别人身上。

用"我信息"表达愤怒

用"我信息"来告诉对方你生气的原因是一个很好的方法。也就是以"我"开头，说出你的感受，还有对方的什么行为让你生气，以及这些行为对你的影响。比如说："我真的很气愤，你借走

我的书这么久都不还，最后还把我的书弄得这么破，我一直都很珍惜这本书，这让我很难过。"

这样说，对方就能清楚地知道你为什么生气了。然后，你还可以加上你的期望或要求，告诉对方你希望如何解决这个问题。像这样：

"我希望你以后能爱惜我的书，看完了及时还给我。"

用健康的方式排解愤怒

最后，你当然要用适当的、健康的方式来排解愤怒。要记住，这些方法既不能伤害到你自己，也不能伤害到别人。你可以找一个安静的地方，让自己冷静一下。比如，去公园里走走，看看美丽的风景，或者找一个安静的角落，听听喜欢的音乐。如果你觉得心中的怒火还是没有消除，也可以向你信任的人倾诉。他们说不定能给你出些好主意，帮你找到解决问题的方法呢。

彤彤教授心里话

愤怒就像一只小怪兽，常常在我们不注意的时候跑出来捣乱。或许你会认为生气、愤怒是一件很糟糕的事情，但其实它们只是我们正常的情绪表达，有时候还能起到独特的作用，帮助到我们呢。所以，不用把愤怒当作洪水猛兽，只要我们学会驯服自己的小怪兽，让它乖乖听话，它的捣蛋计划也就无法得逞啦。让我们一起努力学会控制愤怒，做个快乐、平和的小朋友吧！

15. 换一种思维，
快乐忧伤一键切换

一 键 切 换

1 分钟
小漫画

我们有许多情绪，会兴奋、高兴，也会悲伤、生气……

没有得到表扬，有时候我会很不开心，什么都不想做。

有时候我却会燃起小宇宙，做什么都更有干劲！

这些情绪是怎么出现的呢？这里面有什么规律吗？

兴奋

悲伤

生气

高兴

攸攸教授有方法

你有过悲伤或愤怒的时候吗？大人们总是说要调节自己的情绪，可是如果我们能从一开始就避免这些情绪的出现，那不是更好吗？想知道怎么做到吗？那就让我们一起来了解一下情绪是怎么产生的吧！接下来，我要分享的是一个超有趣的理论，叫作"情绪ABC理论"。它可以帮助我们理解为什么我们会在某些时候感到沮丧、生气或者委屈。只要我们明白了这些，下次就能用更积极、更从容的心态去面对所有事情啦！

两个书生

很多故事，当我们回过头再看时，都可以发现情绪ABC理论的身影。古时候，有两个书生结伴去参加考试。在路上，他们遇到了一大群乌鸦从头上飞过。这可让两个书生大吃一惊。

第一个书生看到乌鸦后，心里"咯噔"了一下，觉得好倒霉啊，他想："乌鸦这东西不吉利。这可真是个不祥的兆头，我肯定考不好了。"于是，他的心情变得很差，直到走进考场都没有精神，考试的时候也没能发挥好，最后没能考上。他对家里人讲了这事，更加坚定地相信没考上是因为路上遇到了乌鸦。

第二个书生看到乌鸦后，心里也"咯噔"了一下。不过，他很快就想到："乌鸦从头上飞过，这不就意味着头顶乌纱吗？这是个好兆头啊！"于是，他的心情变得很愉快，对自己充满了信心。考试的时候，他文思泉涌，发挥得非常好，文章写得很精彩，最后非常顺利地考上了。

你们看，同样是看到乌鸦，两个书生的想法截然不同，结果也完全不同哦！这就是情绪ABC理论。我们的想法会影响我们的情绪，而情绪又会影响我们的行为和结果！

探索情绪的加工厂——情绪ABC理论

美国有个很厉害的心理学家，叫阿尔伯特·艾里斯，他在20世纪50年代就提出了情绪ABC理论。他说，我们的情绪不是由事情本身决定的，而是由我们对事情的看法和信念决定的。听起来有点绕？让我来为你解释一下吧。

这个理论中有三个很重要的字母：

A, 就像我们在生活中遇到的各种事情本身，比如好吃的冰激凌、好玩的游戏，或者是讨厌的作业、不开心的事情。

B, 是我们对这些事情的信念和看法，就像我们心里的小天使和小恶魔，它们会不停地吵架，告诉我们应该怎么想。

C, 就是我们的情绪反应和行为后果，比如开心、难过、生气等。

如果我们觉得作业很难，像个大麻烦，我们可能就会感到不开心，一直把作业拖到假期最后一天才完成。这其中，我们要做的作业，就是事件A；"我觉得作业好难，真是个大麻烦"，这个想法就是B；而不开心就是我们的情绪C。在这种情况下，我们决定自己的行动，比如一直拖着作业，等到假期快结束了才潦草做完。

然而，如果我们把作业当成挑战自己的机会，发现作业可以帮我们把知识记得更牢，我们就会很有动力，并且很乐意去做作业。此时，奇迹发生了！我们出现了另一种想法B+，这种想法让我们产生了新的情绪C+，并采取了不同的行动。

也就是说，并不是作业（A）直接导致我们不开心（C），而是中间的想法（B）让我们产生了各种各样的情绪和行为。所以，我们要学会控制自己的小天使和小恶魔，让它们为我们带来健康、快乐的情绪哦！

小思考

想象一下，本来爸爸妈妈说好要带我们去动物园，但是因为下雨了，我们没法去动物园，这是事件A。那么，我们的想法B会是什么呢？又会出现怎样的情绪C？

尽可能多地写下不同角度的B和C哦！

A

下雨，没按
计划去动物园。

B

C

既然我们可以想到这么多种情况，那为什么平时我们一遇到这类事情，心情就会变得非常糟糕呢？哈，原来是有小虫子在捣蛋！你有没有见过它们呢？

兴奋

高兴

悲伤

生气

有时候我们会产生一些不太合理的想法，接着就会产生悲伤、内疚、愤怒、嫉妒、焦虑、厌恶或沮丧等诸多让人痛苦的情绪。这些不太合理的想法都是"捣蛋的小虫子"，它们有一个共同的名字——非理性信念。下面，让我来给大家介绍几种常见的小虫子吧！

1. 我就应该比别的小朋友强。

2. 我必须得到爸爸妈妈和老师们的喜欢还有表扬。

3. 如果事情没有按照我的想法进行下去，就很糟糕！

4. 随时都可能发生不好的事情，我为它们感到担心。

5. 情绪不是我能够控制的，我什么都做不了！

6. 已经定下的事就无法改变了。

7. 我碰到的问题总有一个正确答案，我不允许自己找不到它。

绝对化的要求

有些人总是从自己的想法出发，觉得事情一定会按照他们所想的那样发生，或者不会发生。就像他们想要天上的星星，就觉得一定要得到一样！他们会说"我一定要成功"或者"别人一定要对我好"。这样的想法可不太实际哦！

过分概括化

这就好比看一本书只看封面就评价它的好坏，这可不太公平呢！有的人会把"有时候"或者"某些情况"看成"总是"或者"所有的"。他们可能会因为一件事就否定自己或指责他人。这样可不好，我们要全面地看待问题哦！

糟糕至极

如果有不好的事情发生，有些人就会觉得天都塌下来了！他们会说"我没考到第一名，一切都完了"或者"我没当上班长，肯定也评不了优秀学生了"。其实，没那么严重！我们要乐观一点，即使遇到了困难，也一定能找到解决问题的办法，只是我们还没有发现而已！

当我们在生活中遇到失败和挫折时，可以先尝试调整自己对事情的看法，而不是马上陷入悲伤之中。用合理的信念去面对困难，就像给自己穿上一件超级英雄的披风，会让我们变得更强大！而且，心情好了，做事情的效率也会提高，就像小火车加了油，跑得更快啦！

欣欣教授心里话

同学们，学习了情绪 ABC 理论后，最关键的是要在生活中运用起来哦！从现在起，遇到困难或者不开心的事情，心里先喊一声"切换！"，尝试从新的角度想一想，说不定会收获意想不到的快乐和兴奋呢！如果暂时没有想法，也可以和爸爸妈妈、老师或者好朋友分享自己的感受，他们也许能给我们帮助呢。最后，希望小朋友们都能成为自己情绪的小主人，用积极的想法和态度面对生活中的挑战，让自己每天都开开心心的！

16. 睡眠好，心情才会更美丽

睡个好觉

攸攸教授有方法

相信大家都有过这样的经历——前一天晚上，为了看完电视或书，一直熬到很晚才睡觉。第二天就变得昏昏沉沉的，想着不能再熬夜了，可是到了晚上又兴奋起来，睡觉时也很容易胡思乱想，根本休息不好。时间长了，就感觉做什么都没力气，心情也变得很低落，有人打扰的时候，还会很容易烦躁和生气呢……

看，睡眠和我们的心情是紧密相关的，所以，想要拥有好心情，掌握科学的睡眠方法可是非常重要的！

村上春树的睡眠之道

你们觉得什么可以彻底改变人生呢？有的人说是钱，有的人说是家庭，还有的人说是工作。不过，日本有个很有名的作家叫村上春树，他可不这么认为。他说，有两个字比这些都重要，那就是——睡觉！

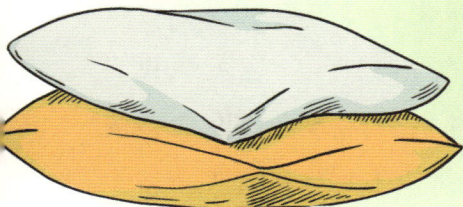

村上春树曾说："要是没有睡觉这件事，我的人生和作品可就没那么精彩啦。"他有一段时间生活很不规律，日夜颠倒，像行尸走肉一样。但是，从33岁开始，他决心改变，认为自己不能再这样放纵了。于是他每天早睡早起，凌晨4点就起床，写五六个小时的文章，然后再去跑10公里步。当村上春树改变了睡觉的习惯后，原先那个油腻大叔不见了，他变成了身体超棒、精神面貌超好的人！睡觉不仅让他的身体更健康，还让他的生活变得更美好。对他来说，睡觉不仅是一种极致的休闲，还是生活和工作的能量源泉。不管遇到什么烦恼，遭遇怎样的苦难，只要抱着被子美美地睡上一觉，总能让自己短暂地放松下来。就算不能解决烦恼，也足以清空思绪，让你在忙碌的生活中享受片刻安宁，以更好的情绪和精神状态面对人生。

现在，村上春树的作品在世界各地都广受欢迎。这位70多岁的作家，依然像个少年一样活力满满。你们看，睡觉的好处可太多了，比我们想象的还要多呢！

四步提升睡眠质量——好睡眠保持好心情

那么，什么样的睡眠才科学，能帮我们恢复充沛的精力，保持好心情呢？

调整好自己的生物钟

每个人的身体里其实都有一个无形的"时钟"，它就是我们常说的生物钟。如果我们能够按照生物钟来安排每天的活动和休息时间，就能提高效率、减轻疲劳，甚至还能预防疾病呢。有时候，我们明明想好好睡觉，却怎么也睡不好，就是因为生物钟已经混乱。所以，保持规律的作息很重要哦。

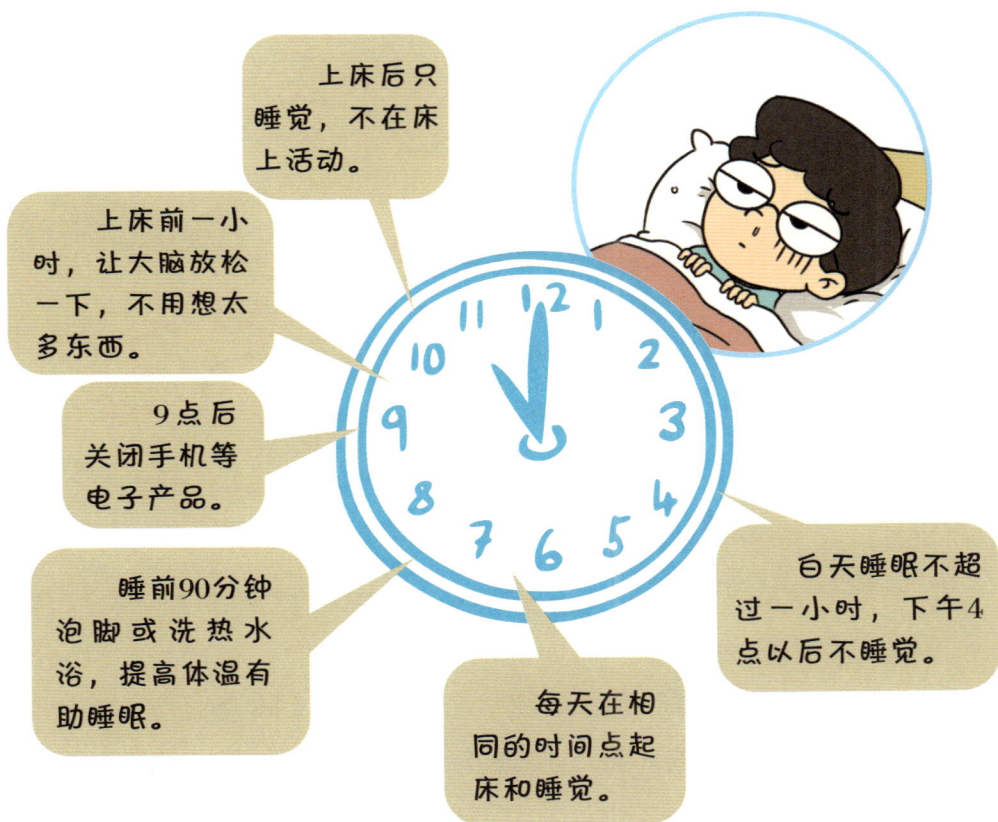

上床后只睡觉，不在床上活动。

上床前一小时，让大脑放松一下，不用想太多东西。

9点后关闭手机等电子产品。

睡前90分钟泡脚或洗热水浴，提高体温有助睡眠。

白天睡眠不超过一小时，下午4点以后不睡觉。

每天在相同的时间点起床和睡觉。

小贴士：如果你深夜才有睡意，可以试试每天在阳光下待两个小时，特别是沐浴早晨的阳光。如果你经常受早醒的困扰，刚好相反，应该在下午和晚上待在有光线的地方，避免早上被太阳晒到哦。

保持向右侧睡的睡姿

我们的睡姿其实也有讲究哦！正确的睡姿应该是向右侧卧，微曲双腿。

微曲双腿 向右侧卧

向右侧睡的姿势能够减轻我们身体各处器官工作的负担。这样一来，我们的身体就能放松下来，呼吸变得匀和，心跳也会减慢，全身都能得到充分的休息和氧气供给。

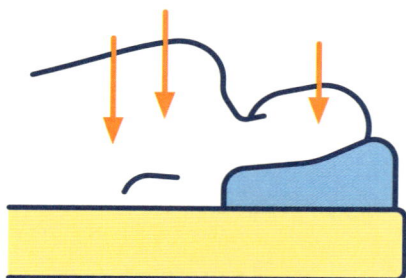

当然，这并不意味着你必须整晚都保持这个睡姿哦。实际上，大多数人睡觉时都会不断变换睡姿，你也可以选择自己喜欢的睡姿，关键是能够让你感到放松、缓解疲劳。

选好枕头和床板

你知道睡觉时最好用什么样的枕头和床板吗？

A. 硬枕头和软垫 B. 硬枕头和木板床

C. 软枕头和软垫 D. 软枕头和木板床

答案是B，你猜对了吗？

一般来说，枕头的高度最好与我们一侧肩膀的宽度差不多，大概是5厘米左右，过高或过低都不好。而且，我们的枕头应该随着季节变换而更换，比如夏天，就适合用散热较快的枕头。

告诉你个小秘密：我们睡觉还可以用药枕哦。枕头中的药物渗入头部穴位，能起到防病、治病的作用。茶叶、荞麦壳、绿豆都可以用来做药枕，不过，米枕更适合还在成长的我们哟。

虽然说枕头和床板硬一些比较好，但木板床也不是越硬越好。硬床上最好铺上一定厚度的软垫，会更加舒适，对我们的身体也好！

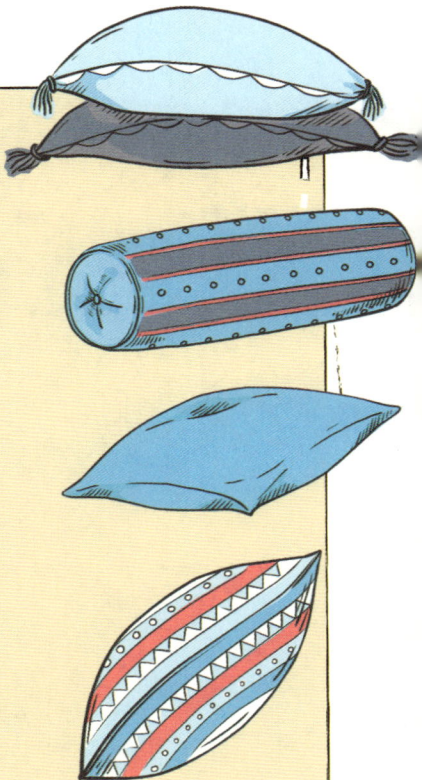

保证黄金时段的睡眠

科学研究表明，人的黄金睡眠时间在凌晨0～3点，这个时间段一定要保证良好的睡眠质量。因为在这个时候，其他器官都不活跃，只

有肝脏正在抓紧时间大扫除。如果我们熬夜，只会加重身体负担，体内的垃圾也可能没法清扫干净呢！

那么每天到底睡多久才是最合适呢？有些人的睡眠时间可能会跟爸爸妈妈的差不多，其实对于我们来说，9～12个小时才是最适合的睡眠时间！我们比大人们需要的睡眠时间要长呢。快来看看你需要在几点钟睡觉吧。

黄金睡眠时间对应表

不同年龄/岁	如果这个点起床						
	6:00 AM	6:15 AM	6:30 AM	6:45 AM	7:00 AM	7:15 AM	7:30 AM
	那就要这个点睡觉						
5	6:45PM	7:00PM	7:15PM	7:30PM	7:30PM	8:00PM	8:15PM
6	7:00PM	7:15PM	7:30PM	7:30PM	8:00PM	8:15PM	8:30PM
7	7:15PM	7:15PM	7:30PM	8:00PM	8:15PM	8:30PM	8:45PM
8	7:30PM	7:30PM	8:00PM	8:15PM	8:30PM	8:45PM	9:00PM
9	7:30PM	8:00PM	8:15PM	8:30PM	8:45PM	9:00PM	9:15PM
10	8:00PM	8:15PM	8:30PM	8:45PM	9:00PM	9:15PM	9:30PM
11	8:15PM	8:30PM	8:45PM	9:00PM	9:15PM	9:30PM	9:45PM
12	8:15PM	8:30PM	8:45PM	9:00PM	9:15PM	9:30PM	9:45PM

如果我们因为各种原因没能达到必要的睡眠时长，有一个方法可以判断我们是否睡足：在一天快结束时（晚上），如果你依然温和友好、独立不黏人、精力充沛，那就说明你睡眠充足且质量较高啦。

还有一个关于睡眠的误区，就是想通过补觉来弥补睡眠不足。你们会不会平时很晚睡觉，然后周末就一觉睡到下午呢？科学家们发现，我们失去的睡眠是补不回来的！而且，如果睡太久的话，睡眠会很浅，醒来后可能还是觉得很累。

所以，如果缺少睡眠，造成的伤害可能就没办法弥补啦。大家要养成良好的睡眠习惯，每天都要睡个好觉哦！这样我们才能有精力去玩耍和学习，变得更聪明、更健康。

佩佩教授心里话

睡眠就像一个默默无闻的清洁英雄，在晚上悄悄把我们的烦恼和疲惫都扫出大脑。想象一下，第二天醒来一身轻松，像个快乐小精灵，这种感觉多棒啊！所以，从现在开始，我们要像重视自己的情绪那样重视自己的睡眠。除了保证充足的睡眠时间，营造一个良好的睡眠环境，还要记得在睡前避免面对电子屏幕，让眼睛也得到休息哦！

17. 拒绝完美主义，缓解焦虑情绪

完美主义者

攸攸教授有方法

有时候，我们可能会对自己有很高的要求，希望事事都能做到尽善尽美，其实这就是完美主义哦！当我们对自己要求太高时，可能会感到焦虑、紧张……比如，考试的时候想考满分，画画的时候想画得和老师一样好，然而，越是这样想，就越是容易紧张得不敢下笔，这些都是焦虑情绪在作祟哦。不过别担心，我们有办法克服完美主义，缓解这种焦虑情绪！

两组陶瓷作品的神奇差距

我曾经听过一个非常有趣的故事。一所学校开设了陶瓷课，老师在学期开始时宣布要把学生分成两组，一组是数量组，一组是质量组，他要用两种不同的标准给学生打分：数量组的小朋友们要做很多很多的作品，他们的得分就看作品的数量有多少。而质量组的小朋友呢，只要做出的是个最完美的作品，就能得到超高分数哦！

很快，期末的最后一节课到了。你猜哪一组小朋友的陶瓷作品质量更高呢？你一定认为是质量组，毕竟他们的目标就是要做出最完美的作品。

　　然而，奇怪的事情发生了，高质量的陶瓷作品居然都来自数量组！原来，数量组的小朋友们一直忙着做作品，他们在做的过程中虽然犯了错误，但也学到了很多。慢慢地，他们的作品就越来越好啦！而质量组的小朋友们呢？他们生怕自己做出来的陶瓷作品不够好，谁也不敢轻易动手。大家只是坐在那里想啊想，脑子里有很多很棒的想法，可最后每个人面前却只有一堆黏土！

　　你们看，如果我们总是想做得完美，害怕犯错，为这样、那样的事情焦虑，那我们就会不敢尝试新的事情，既无法获得快乐，也无法做成什么事情呢！

五边战士破除焦虑——克服完美主义

　　我们遇到事情会感到焦虑，这是再正常不过的！这可能是因为我们总想不犯错误，并且做到最好，或是想到了一些不好的事情。比如，当我们进入新的学校或班级时，可能会担心自己交不到朋友，不被大家喜欢。这时我们会怀疑自己是不是没有人爱，于是就产生了焦虑。又比如，当我们要参加考试或比赛时，可能会想象自己无法获得最棒的成绩，这也会让我们很焦虑呢。

　　完美主义引起焦虑情绪在所难免，但我们也有办法来对付它。来看看这些方法，让我们全方位"武装"自己，再也不怕焦虑紧张！

接受不同结果

当你担心自己是否能完美完成任务时，与其想着"我一定要做到最好"，不如相信自己，不管有没有呈现最完美的结果，我们都可以冷静地应对，并且有能力解决问题。比如，班里有几位同学似乎并不太想和自己玩，你可以这样想："没关系，我没办法做到让所有人都喜欢我，我还有很多其他朋友呢！"

习惯暴露其中

害怕犯错的时候，你会不会一紧张就退缩呢？可以试试"暴露疗法"哦。把自己放到会因为追求完美而克制不住焦虑的地方，去接受和容忍那种感觉，慢慢地，你总会习惯焦虑的出现。不用对它做什么，你会发现，我们不必一直追求完美，停下来，你也可以好好的哟。把注意力转移到其他事情上，结果其实没有你想的那么吓人啦。

分解目标，专注过程

可以试着把大目标分成一个个小目标，让每一步都能变成"我可以"，这样就不会感到那么焦虑啦。每次完成一个小目标，都给自己一个大大的赞！也别忘了多对自己说"我可以尝试""我可以行动"。尽量不说"我做不到最好""我不行"，试着把这些词当作容易爆炸的鞭炮，小心翼翼地收起来。就像学骑自行车一样，一开始可能会害怕，但骑车就是在一次次摔跤中逐渐学会的。只要勇敢尝试，我们就一定能学会哦！

设定时间限制

有些事情呀，本来就达不到百分之百的完美，甚至永远做不完，比如家务。不管今天把书架打扫得多干净，第二天也会有灰尘。所以你没必要不停地做同一件事，而是设定一个合理的时限。在这段时间里，无论最后效果怎样，你一样能完成任务，并井井有条地把一切都处理好。对于需要很长时间才能完成的事情呢，就可以给自己设定最后期限，同时别忘了监督自己每天做了多少，别老揪着细节不放，你会更有效率哦。

讨论不同场景

有没有发现，总是想象那些让自己焦虑的事情或者结果，其实并不能改变什么，对吧？那我们干吗不把精力投入到对未来更有意义的事情上呢？冷静想一想，如果出现不同的结果，我们可以怎么做？比如，如果在课堂上老师没有表扬我们，我们可以下次更加积极地举手发言，老师总会看到我们的努力。

最重要的是，要记得和爸爸妈妈、老师或者好朋友们分享自己的感受哦，他们会给我们很多支持和鼓励。同学们，记住这些小妙招，我们就能克服完美主义，打败焦虑小怪兽，变得更加快乐和勇敢啦！

欣欣教授心里话

"人非圣贤，孰能无过。"没有人是完美的，犯错不可怕，可能还能成为我们学习和成长的契机呢！所以，同学们，别总是对自己那么苛刻，别让完美主义带来的焦虑夺走你们的快乐哦。试着去做你想做的，即使不完美也没关系呀！每一次努力都是成长的机会。相信自己，你们已经很棒了，而且会越来越棒的！记住，享受学习和成长才是最重要的，让我们一起欢笑、玩耍，做最棒的自己吧！

18. 走出家门打开心扉，击败抑郁情绪

宅 男

攸攸教授有方法

　　长时间待在家里不出去，心情有时会变得低落，就像一只小鸟被关在笼子里，会感到有点闷闷的。但是，别担心，有个超级简单的方法能让我们心情更好——那就是出去玩耍。当感到烦闷时，不如走出家门，感受一下世界的美好。记得穿上舒适的衣服和鞋子，带上一颗快乐的心，让我们一起去探索吧！

运动如何改善心情

　　运动真的能够让我们的心情变好吗？为了找到这个问题的答案，研究人员专门去做实验，观察了120万个人的身体活动和他们情绪的关系。结果发现，运动对赶走抑郁情绪超级有效呢！和不运动的人相比，爱运动的人每个月心情不好的日子要少1.5天。更有趣的是，每次锻炼30～60分钟的人，他们得到的结果是最好的，每个月心情不好的日子平均少了2.1天。但是，锻炼太多也不好。每天锻炼超过3小时的人，他们的状况比完全不锻炼的人更差，也就是说，锻炼太长时间可能更容易导

致心情不舒畅。最后，研究人员对75项运动与心情的关系进行了调查，发现团队运动、骑自行车、有氧运动和健身房活动会更容易让人保持好心情。

当我们运动时，身体会分泌一些神奇的化学物质。这些小家伙可不简单，它们不仅能让我们感到幸福和快乐，还能阻止那些让我们产生压力和焦虑的化学物质。这种神奇的化学物质叫作内啡肽，它们就像天然的快乐小天使，在我们身体里到处施加魔法，减轻疼痛的感觉，提高免疫力，帮助我们放松下来。有了内啡肽的帮助，乐观满足常常有，糟糕心情挡外面。

击败抑郁情绪有方法——走出家门第一步

提起户外运动，你是不是总会想到自己累得大汗淋漓的样子呢？这可能也是很多人不喜欢运动的原因吧。其实，运动对于身心健康有着非常多的好处，不管是消耗热量还是缓解抑郁情绪，效果都超棒的，而且运动也没有想象中那么可怕啦。

科学家们发现，像有规律的散步这样的体力活动，虽然不是正式的运动项目，但也可以促进健康，让我们的心情变好。我们都知道，跑步、力量训练和打篮球这些运动可以缓解抑郁或焦虑。但其实像做园艺、散步、遛狗这些低强度的活动，也有同样的效果哦。任何能够让我们离开沙发的

活动，都可以让我们的心情变得更好。所以，还在等什么呢？赶紧去公园散步、和朋友一起玩球，或者去感受大自然的美好吧。出去活动一下，我们的心情就会变得明亮起来，就像阳光洒在身上一样，暖洋洋的哦。

确定运动的时间

我们不需要一开始就做很激烈的运动，或者运动超长时间，而是可以从日常生活中的小改变开始。比如，用爬楼梯代替坐电梯，用走路或者骑自行车代替坐车去某个地方。每周进行3~5次30分钟及以上的运动，就能大大改善抑郁和焦虑的症状。如果你还是担心自己做不到，没关系，哪怕是更小量的体力活动，比如一次10~15分钟的运动，也很有用呢。

明确自己喜欢的运动

找到自己喜欢的运动，是很重要的事情。如果你喜欢跑步或骑自行车，那你可能只需要更少的时间就能改善心情。千万不要为了运动勉强自己哦。

不太清楚要选什么运动？那我来为你推荐一些！

跳绳不仅能增加身体协调性，还能加强前庭功能。隔一天跳一次，每次坚持10分钟就好。如此简单的活动，却能让你感觉更舒畅，更有自信呢！

散步也不错，还能和家人或同伴一起进行。尽量挑环境优美的地方，这样心情也会更愉快呢。开始时可以每天走1500米，争取在15分钟内走完，然后逐渐增加距离，直到45分钟走完4500米。

最经典的运动当属跑步啦。跑步时，大脑会分泌"快乐激素"内啡肽，让人开心又满足。傍晚去跑最合适哦，速度至少达到每分钟120步，每周至少跑3次，每次记得坚持30～50分钟哦。

如果你想要更激烈的运动，可以选择五禽戏，每天傍晚练一次，持续1~1.5小时。不过，五禽戏的运动量比较大，有些动作难度又很高，需要在医生的指导下进行。喜欢简单运动的话，我们可以换成老少皆宜的太极拳或八段锦，每周练4次，每次20分钟就可以了。

除此之外，还有很多选择。比如健身舞，每周跳3次，每次持续20分钟，要是有很多人一起跳，那就更好啦。如果你会踢足球，也可以时不时约上同学，每周踢2次，每次30分钟。如果不会踢足球，也可以换成其他任意一种球类活动哦。

千万记得，除了确定运动项目，还要明确自己喜欢在什么时间做这项运动。有人喜欢晨跑，有人喜欢夜跑，每个人习惯的运动时间是不一样的。找到适合自己的运动和时间，才能更好地坚持下去哦。

设定可行的目标

看着上面每周要做多少次运动，每次要坚持多长时间，是不是有点想放弃了？别害怕，我们的任务可不是要求你每天都要做一个小时，你可以根据自己的实际情况来定小目标。比如，以前总是喜欢坐着不动的小朋友们，可以从打破久坐开始，站起来后，不一定要做很累的运动，简单地走一走就已经很棒啦。

所以呢，小朋友们可以通过散步、做家务、和小伙伴一起玩游戏等方式，慢慢增加活动量。每一次小小的努力，都会让我们变得更健康、更快乐。

攸攸教授心里话

运动一点儿也不可怕，它就像你们最爱的游戏一样有趣呢！当你出门玩耍的时候，就会发现外面世界的美好，有蓝天、白云、绿树和可爱的小动物们。所以，不要害怕运动，勇敢地迈出家门，你就已经成功了一半啦。去感受微风吹过脸颊，去听听鸟儿的歌声，去看看美丽的风景。不过要有耐心哦，因为改变习惯是需要一些时间的。一步一步地挑战自己，你就会发现自己变得越来越厉害啦。让我们一起动起来，健康快乐地成长吧！